―― ちくま学芸文庫 ――

# 入門 多変量解析の実際

朝野熙彦

筑摩書房

本書をコピー、スキャニング等の方法により無許諾で複製することは、法令に規定された場合を除いて禁止されています。請負業者等の第三者によるデジタル化は一切認められていませんので、ご注意ください。

## 第2版にあたって

　本書の初版は多変量解析の初心者が、この道具を上手に使いこなすための早わかりを狙って1996年5月に上梓された。料理にたとえていえば、包丁の製造法の本ではなく、包丁の使い方のガイドブックを意図したものである。読者としては、マーケティングに携わる実務家を想定した。具体的にはR&D,生産、流通、販売、広告に携わるマーケターやプランナーを念頭において本書をまとめた。もちろん、経済学や経営学を勉強中の学生にも参考になると思われる。執筆方針は次の3つとした。

　①できるだけ数式を避け絵と言葉で多変量解析のイメージを伝える、②よく利用されている方法だけを取り上げる、③アウトプットの意味がわかるようにする。

　幸い本書は市場のニーズに合致していたらしく好評をもって迎えられ、版を重ねることができた。今回第2版を出版できることになったのは、読者諸兄のご支援の賜物であり深く感謝したい。この間多数の書評を頂戴したが特に、中央大学理工学部の加藤俊一先生からは「多変量解析の入門書、解説書は数多く出版されている。その中にあって本書は、それぞれの手法の限界や誤った利用法を避ける（す

なわち,分析者自身が統計にだまされないための)アドバイスが出色である.」(西尾治郎・加藤俊一ほか『マルチメディア情報学8 情報の構造化と検索』岩波書店,第4章283ページ)という書評を頂戴した.厚くお礼申し上げたい.

多変量解析の類書の中で,本書の独自性 uniqueness は「ユーザーによるユーザーのためのガイド」であると考えている.メーカーにあたる専門家が実務家の苦労をわかった気になって書いている解説書は珍しくない.しかし,本当に利用者の視点にたって使い方を述べた本は少ないのではないだろうか.「メーカーばかりしゃべっていないで,ユーザーにも一言いわせてもらいたい」.これが本書のキーコンセプトである.おおげさにいえば,多変量解析の世界における消費者運動の試みとご理解いただければ幸いである.

第2版の執筆方針は初版と変わりない.しかし,上記の趣旨に賛同してくださった諸先生から初版の誤りや記述の不備を多々ご指摘いただいた.正直にいえば,それらのバグフィックスが今回改訂版を出さざるを得なくなった理由である.特に日経リサーチの鈴木督久氏には3章の主成分分析の計算の誤りをご指摘いただいた.また10章の統計プログラム・パッケージの資料は同氏より提供されたものである.香川大学の堀啓造先生には6章のマルチコ対策のその5をメーリングリストを通じてお教えいただいた.女子栄養大学の真柳麻誉美先生には9章の時系列比較につき

ご示唆を頂き，また旧版の全体にわたって記述の不備をご指摘いただいた．立教大学の村瀬洋一先生，大阪大学大学院生の村上あかね氏にも貴重なコメントを頂戴した．その他，ご叱正を通じて第2版の改訂にご貢献いただいたすべての皆様にお礼申し上げたい．

最後になったが多変量解析の世界に朝野を導いて下さった大学入試センターの柳井晴夫教授に最大の感謝を捧げたい．また，講談社サイエンティフィクの瀬戸さんは，いつもながらの熱心な督促によって本書を世に送り出してくださった．心からお礼申し上げる次第である．

2000年10月

朝野　熙彦

# 目　次

第2版にあたって　3

## 第1章　ウォーミングアップ
　　　　——下準備と本書のパノラマ …………………… 11

1.1　はじめの言葉と終わりの言葉　11
1.2　基礎的な概念と道具　20
1.3　そのほかの用語の説明　40
1.4　本書のパノラマ　44

## 第2章　コレスポンデンス分析と数量化理論Ⅲ類
　　　　——製品やブランドをポジショニングする ……… 46

2.1　パターン分類の思想　46
2.2　数量化理論Ⅲ類による都市イメージの分析　50
2.3　数量化理論Ⅲ類によるテレビ番組嗜好の分析　52
2.4　コレスポンデンス分析を用いたシャンプーのポジショニング分析　56
2.5　パターン分類を使いこなすコツ　63

## 第3章　主成分分析——情報を集約する ………………… 65

3.1　主成分分析とは何か　65
3.2　スキー・ブランドのマップ　70
3.3　主成分分析はこう使う　74
3.4　カテゴリー・データの処理　82
付　記　84

## 第4章　因子分析——隠された構造を可視化する ………… 87

4.1　イメージを測定する　88
4.2　因子分析はこう読む　93

4.3　SD法の顚末　102
　4.4　主成分分析との区別　105
　4.5　因子分析の泥沼　108

## 第5章　クラスター分析
### ——新しいセグメントを発見する　112

　5.1　クラスター分析はこう使う　113
　5.2　OLのセグメンテーションの事例　125
　5.3　人気企業の時系列変化を追う　131
　5.4　クラスター分析の迷路　135

## 第6章　重回帰分析と数量化理論Ⅰ類
### ——市場性を予測する　141

　6.1　重回帰分析早わかり　141
　6.2　広告注目率の予測　152
　6.3　重回帰分析で困ること　155

## 第7章　正準相関分析と判別分析
### ——多変量解析の総本山に迫る　166

　7.1　孫悟空の世界　166
　7.2　正準相関分析のイメージ　170
　7.3　数量化理論Ⅱ類によるチャネルの分析　177
　7.4　判別分析におけるマルチコ対策　179

## 第8章　コンジョイント分析
### ——新製品のコンセプトを開発する　184

　8.1　コンジョイント分析の思想　184
　8.2　コンジョイント分析はこう進める　187
　8.3　コンセプト・ジェネレーション　194
　8.4　パソコン・ソフト　199
　8.5　応用の動向　201
　8.6　シミュレーション　206

8.7 まとめ 212

## 第9章 トラブル・シューティング ……………………… 215

9.1 多変量解析で本当に「予測」できるのか 216
9.2 時系列比較が難しい 219
9.3 多変量解析で母集団推計をどうするか 229
9.4 消費者行動は線型か 232
9.5 データそのものの問題 244

## 第10章 ユーザーのための多変量解析 ……………………… 247

10.1 多変量解析のソフトと関連書籍 247
10.2 ユーザーがメーカーに望むこと 259
10.3 多変量解析を使いこなす5つの秘訣 264

引用文献 271
付　　録 279
文庫版あとがき 282
索　　引 286

入門 多変量解析の実際

# 第1章 ウォーミングアップ
## ——下準備と本書のパノラマ

　本書はユーザーのための多変量解析の早わかりを意図したが，まず本章では多変量解析の概念と道具立てを紹介させてもらった．読者が先を急ぐ気持ちもわからないではないが，各章へ進む前に心の準備をしてもらいたい．昔から「急がば回れ」というではないか．

---

- ●はじめの言葉は仮説の発見に役立たねばならない
- ●終わりの言葉はディシジョンに役立たねばならない
- ●多変量解析の道具はベクトルの内積と線型モデルにつきる
- ……本当かどうか本書を読み終えたら確認しよう！

---

## 1.1　はじめの言葉と終わりの言葉

　ユーザーが多変量解析を必要とする「表向き」の理由ないし理屈づけは，次のようにまとめられる．

> ①○○○の背後には，要因が複雑に絡み合っており，変数の単純集計だけでは互いの関係を把握することはできない．
>
> ↓
>
> ②多変量解析によって，混沌とした構造をシステマティックに整理し単純化したい．

　①の○○○の伏せ字には，医学であれば「成人病発症」とか，マーケティングであれば「消費者行動」というように，それぞれの分野で関心のあるテーマを書き込めば，上記の文章が完成するわけである．たとえば「ウドンの味の嗜好性」を考えても，生理的な要因だけでは説明しきれないことが多い．同じ会社に勤める性・年齢の等しい人であっても，出身が関東か関西かでずいぶん嗜好に違いが出るものである．

　ところで①の言明には，そもそも現象の背後には何らかの因果法則が存在しているはずだ，というニュートン流の科学観が働いている．この信念に対する異論や批判は皆無ではないのだが，今のところ大方の人々が暗黙のうちに認めている基本理念といえよう．「レストランに行く」のは「腹が減った」からであって，もしそう簡単には説明できない場合が出てきたら，原因はほかにも存在するのではないかという方向で，事態の打開を図ろうとするわけである．

　一方②の言明は，物事をできる限り単純化して説明できた方がよい，という基準である．この方針は，科学哲学の

分野では**オッカムのカミソリ**とか**節減の原理**などと呼ばれている．この理屈づけもいかにももっともらしく，さほど異論は唱えづらいのではないだろうか．

さて，上記①②のところで，わざわざ「表向き」と断ったのは，世の中には表向きならざる理由で多変量解析を使う場合も少なくないからである．「裏向き」の理由は次のようにまとめられよう．

> ①′ 単純集計では説明がつかない結果が出てきて立ち往生してしまったが，何とか格好をつけたい．
> ②′ そこで多変量解析を使うことによって，もともとわかりづらい事柄を一層難しくすることで，人を煙に巻いてしまう．

①′→②′の戦略は，分析レポートの読み手が多変量解析の素人であったりすると，「すごい分析ができるんだね」と，素直に感心してくれるような副次効果さえ期待できる．実際，ビジネスマンが1000人いたとしても，その中に多変量解析を専攻した人など1人もいないのが普通だろう．したがって，多変量解析を使ったために尻尾をつかまえられるおそれなど，まずないのだ．

多変量解析の利用例のうち，どれだけが表向きの理由で使われ，どれだけが裏向きの理由で使われてきたのかについては，当然ながら公式統計はとられていない．しかし実のところ，応用の現場では裏向きの利用の方が多いのでは

ないかと思っている．

本書では①→②の筋道で多変量解析を解説してゆくが，その反面では①′→②′の裏道の存在も十分に念頭に置くことにした．多変量解析に対する世間の誤解や不信感を増幅してきたのは，このような使い方にあったと考えるからである．

表1.1 マーケティング分野での多変量解析の使いみち

| マーケティング課題 | 数量化理論III類 | コレスポンデンス分析 | 主成分分析 | 因子分析 | クラスター分析 | 重回帰分析 | 数量化理論I類 | 正準相関分析 | 重判別分析 | 数量化理論II類 | コンジョイント分析 |
|---|---|---|---|---|---|---|---|---|---|---|---|
| マーケット・セグメンテーション | ○ | ○ | △ | ○ | ○ | | | | △ | △ | △ |
| 製品ポジショニング | ○ | ○ | ○ | ○ | | | | | ○ | △ | |
| ブランド選択行動 | ○ | ○ | ○ | ○ | | | | △ | ○ | ○ | ○ |
| 消費量層の分析 | | | | | | | | | ○ | ○ | |
| 新製品の仕様決定 | | | | | | ○ | ○ | | | | ○ |
| 市場性の予測 | | | | | | ○ | ○ | | | | |
| 販促戦略の策定 | | | | | | ○ | ○ | | | | |
| 広告効果の測定 | | | | | | ○ | ○ | | | | |
| 出稿計画 | | | | | | ○ | ○ | | | | |
| ブランドイメージ分析 | ○ | ○ | ○ | ○ | ○ | | | | △ | | |
| 広告注目率の予測 | | | | | | △ | | | | | |
| リゾート施設来場者予測 | | | | | | | | | | | |
| 出店計画 | | ○ | △ | | △ | △ | △ | | △ | △ | |
| 企業イメージ | ○ | ○ | ○ | ○ | ○ | | | | | | |
| 顧客満足（CS） | | | | | | | | | | | |

注）○は「よく使われている」△は「たまに使われている」
注）分析法の配列は本書で取り上げた順番に従う

さて、マーケティングの分野では重回帰分析、因子分析、主成分分析、クラスター分析、数量化理論をはじめ、さまざまな分析法が、消費者の意識や行動を分析するのに利用されてきた。表1.1は、どういう解析法がどのようなマーケティング課題で使われてきたかを整理したものである。しかし、この表の組み合わせでしか多変量解析を使ってはならない、というほどの絶対的な意味ではないので、あくまでも参考として見てもらいたい。

多変量解析を分類するときには、分析データの形式的な違いに着目して分類することが多い。しかし、本書ではあくまでもユーザーの立場から、利用目的を中心に多変量解析を区分することにしよう。

それは、表1.2に示す「はじめの言葉」か「終わりの言葉」かという2区分である。

表1.2 多変量解析の分類

| | | 分析データの性質 | |
|---|---|---|---|
| | | 量的データ | 質的データ |
| 分析の目的 | はじめの言葉<br>いくつもの変数を分類・整理して物事を単純化したい | 主成分分析<br>因子分析<br>クラスター分析 | コレスポンデンス分析<br>数量化理論III類<br>MDS |
| | 終わりの言葉<br>変数間の因果関係を明らかにし、管理・統制したい | 重回帰分析<br>重判別分析<br>正準相関分析 | 数量化理論I類<br>数量化理論II類<br>コンジョイント分析 |

(1) はじめの言葉

多数の物事や変数を分類・整理することによって、とり

まとめようとするもの．世の中にさまざまなブランドが混在していて，何と何が類似していて，何と何がかけ離れているのかわからない，とか情報がたくさんあって，それがゴチャゴチャと未整理なために分類してみたい，という場合がこれにあたる．ちょうど前人未到の密林に探検隊が足を踏み入れて，現地の略図を作成するのに似ている．

はじめの言葉の代表的な手法としては，図1.1のような因子分析があげられる．ここではガーナミルクだとかチョコトルテなどのお菓子類が2次元の平面に位置づけられている．このような多次元空間内での位置づけのことを，専門用語では**空間布置**（configuration）と呼んでいる．

この種の多変量解析は大量のデータを分類・整理して見

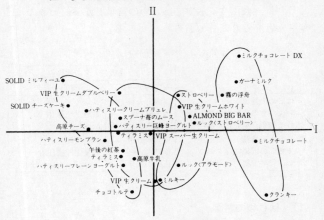

**図1.1 チョコレート類の因子分析**

通しをよくするのに向いている．しかし「だからマーケティング戦略上何をすればいいのか」という疑問にストレートに答えてくれるわけではない．むしろ，マーケティング上の問題や興味ある仮説を発見することが主たる狙いとなる．これが「はじめの言葉」といわれる所以(ゆえん)である．

## （2） 終わりの言葉

何か特定の現象に影響を及ぼしている変数が何なのかを探ろうとするもの．たとえばチョコレートの総合評価を高くするには原料や製法の何をどう変えればよいのか？ という問題は終わりの言葉にあたる．つまり，終わりの言葉は変数と変数の因果関係を知ろうとする手法群である．多変量解析では，分析者が原因と想定する変数のことを**説明変数**（explanatory variable），結果として扱いたい変数を**基準変数**（criterion variable）と呼んで区別している．

現実のビジネスの世界では，「こうなったのはこのせいだ」あるいは「こいつのせいだ」という事後解釈的な予測が横行しているのは事実である．しかし経営者が，このような結果論だけでは満足できないのは当然のことである．経営は過去の世界に生きているわけではないからだ．しかし問題は，将来を予測することが難しいという点にあるわけではない．そもそもビジネス活動においては，予測を当てること自体に価値がないことが多いのだ．

たとえば「当社のブランドは来年没落するであろう」という予測が出たとしよう．その予測が的中することは果し

てその企業にとってハッピーなことなのだろうか？

実は，口では予測といいながらも，その本音は「○○の状態に変えるためにはどうしたらよいか」という処方箋を求めているのだ．今のたとえでいえば，「当社のブランドが来年没落しないためには，これから何をすればよいのか」という統制方法を知りたいのである．統制（コントロール）というからには，何らかの具体的なマーケティング戦略を指し示すことが要請されているわけで，こちらの方がただの予測よりもよほど大切であり，かつ責任が重い．マーケティング戦略でいえば，「かくかくの製品を作って，しかじかの手段で販売すれば，成功しますよ」という提言を出そうとするのが終わりの言葉である．

ユーザーとしては，多変量解析を使うにあたっては，まず自分がはじめの言葉をいいたいのか，それとも終わりの言葉をいいたいのか，という心づもりをはっきり認識することが肝心である．

## (3) 「はじめの言葉」と「終わりの言葉」のまとめ

- はじめの言葉は，とかく大予言のようなあいまいな言葉になりがちである．解釈の余地は大きく，ああもいえるしこうもいえる，と堂々巡りの水かけ論に陥りがちで，今後の具体的な戦略が見えてこない．

このような主観的な解釈を排除するためには，はじめの言葉の正当性を実証するための追加調査や検証実験が必要になる．つまり，はじめの言葉はあくまでも「仮説の提起」

にとどまるのは当然なのであって，二の矢を継いではじめて確かになるからこそ「はじめの言葉」というのである．

- 一方，終わりの言葉の方は，多変量解析のエンド・ユーザーにこうしろと匕首を突きつけているわけだから，終わりの言葉を話している方がせっぱ詰まりかねない．提案通りのアクションをとったとして，事業が失敗しないという保証はあるのか？ 分析データは正しく収集されたのか？ データは正しいとしても，採用した多変量解析はわれわれの課題を解決するのに適していたのか？ そもそも分析対象としている現象と解析モデルは同型といえるのか？ パラメータの推定にどれだけ信頼性があって物をいっているのか？ ……などと心配の種はつきない．

産業界における多変量解析の応用の歴史は半世紀を越える．この世界に関わってきた印象からすると，はじめの言葉のシェアが次第に増え，終わりの言葉が減ってきているように思われる．前述したように，終わりの言葉の責任の重さが，ユーザーに利用をしりごみさせているのではないだろうか．読者の中には，多変量解析は理論的に完璧なものであって，分析結果を疑ういわれなどないのだ，と信じておられる方も多いのではないかと思う．そうした楽観論を吹き飛ばし，多変量解析の限界を認めながらも，これを道具として使いこなせるようにしよう，というのが本書の基本的な狙いなのである．

## 1.2 基礎的な概念と道具

多変量解析を理解するために必要な数学的な道具立ては，ベクトルの内積と線型モデルの2つにつきる．1.2節ではこのことを述べよう．

### (1) 多変量データは行列で表される

多変量解析は多変量データ行列を分析対象とする場合が多い．もちろんデータがこのような形式に整理されていない段階から解析がスタートする場合もあれば，刊行物をもとに二次分析する場合にありがちだが，変数どうしの相関行列しか利用できない場合など，例外はいくらでもある．しかし，この章では，最も典型的なタイプのデータ構造を紹介することにしよう．

論より証拠で，多変量データの例を表1.3に示す．

さまざまな昆虫の脚の数，触角の数，複眼の数の数値測定を行い，その結果によって昆虫を分類しようとしている

表1.3 多変量データの例

|   | 脚の数 | 触角の数 | 複眼の数 |
|---|---|---|---|
| クワガタ | 6 | 2 | 2 |
| ハエ | 6 | 2 | 2 |
| バッタ | 6 | 2 | 2 |
| アリ | 6 | 2 | 2 |

## 1.2 基礎的な概念と道具

と考えてもらいたい．この表はクワガタ，ハエ，バッタ，アリについて測定結果を並べたものである．この表の数字だけを抜き出してカッコで括ったものを**行列**（matrix）といい，一般にアルファベットの大文字のボールド体（太字）で表現する．たとえば表1.3の場合，行列はつぎのように書ける．

$$X = \begin{bmatrix} 6 & 2 & 2 \\ 6 & 2 & 2 \\ 6 & 2 & 2 \\ 6 & 2 & 2 \end{bmatrix}$$

この行列をみると，素朴な疑問が次々と浮かんでくるに違いない．簡単なポイントから順に4点述べよう．

- 行列を表す記号は $X$ にこだわる必要はない．$A, B, C,$ …でも $P, Q, R$ でも区別がつきさえすればどんな文字を使っても構わない．違った行列は別の記号で区別しましょうね！という程度の原則しかない．だから行列の記号に松，竹，梅，…などを使っても文句はないはずだが，慣用的に英字を使っているにすぎない．

- 上の行列 $X$ は4つの行と，3つの列から成っているので，そのサイズを「4行3列」であるとか「4×3の行列」であるなどと呼ぶ．もちろん，ここで4とか3とかいうのはたまさかの数値例のサイズにすぎなく，理論的に上限があるわけではない．4000×500の行列であっても，何の不都合もないし，特別扱いにする必要などない．表1.3で小さい行列を例示したのは印刷の都合に合わせた

だけだ．行列 $X$ のサイズが $n$ 行 $p$ 列であることを $\underset{n \times p}{X}$ と書いて明記することもある．

- 行と列が指し示す内容は各利用分野によって表1.4のように使い分けることが多い．

表1.4 行と列に割り当てられるもの

| 利用分野 | 行の具体例 | 列の具体例 |
|---|---|---|
| 消費者調査 | ヒ　ト | 質　問 |
| 製品解析 | モ　ノ | スペック |
| 経営分析 | 企　業 | 経営指標 |
| 地域比較 | 都道府県 | 地域特性 |
| 商　業 | 店　舗 | 店舗特性 |

抽象的にいえば，行には「測定対象」が，列には「測定変数」が割り当てられ，その行と列が交差したセルには「測定値」が入る，と理解すればよい．もちろん慣用は慣用にすぎないのだから，絶対にこのルールを変えてはいけない，ということはない．しかし，無用な混乱を避けるという意味で，本書ではここで述べた記述法で統一しておこうと思う．

- しょせん多変量解析などといっても，表1.3のデータなど，どうイジリ回そうが大した情報は出てこないだろう，という常識が働いただろうか．この疑いは正しいし，教訓的でもある．

いくら名人級の調理道具をもち出そうが，素材の悪さをカバーできるものではない．問題は単に表1.3の行列のサイズが小さいことにあるのではない．これが仮にクワガ

タ,ハエ,バッタ,アリの4種類だけでなく,カブトムシ,チョウ,セミ,トンボ,…などもっと多くの昆虫について調べたところで,一向に事態は改善されないのだ.

ここで素材が悪い,といったのは行列 $X$ には情報がないからなのである.ではなぜ $X$ には情報がないのかというと,節足動物門昆虫綱は,すべて脚が3対で触角と複眼はどちらも1対だからだ.統計学的ないい方をすれば,分散のないデータには分析できるような情報はないのだ(分散の説明は26ページに出てくる).データをこのように批判的に眺める感覚は,本書を読んでいくうちに,ひとりでに身についてくるに違いない.読者が「表1.3がなぜ馬鹿馬鹿しいデータなのか」が腑におちるようになることを期待している.

## (2) 測定値の並びはベクトルで表される

行列から1つの列を抜き出したものを**ベクトル**(vector)という.たとえば5つの営業支店があったとして,それぞれの販促費(単位:万円)と拠点数を並べた行列が次の通りだったとしよう.

$$A = \begin{bmatrix} 11 & 7 \\ 13 & 5 \\ 10 & 3 \\ 9 & 4 \\ 7 & 6 \end{bmatrix} \quad \cdots\cdots ①$$

すると,行列 $A$ から次の2つのベクトルが出てくる.

$$\boldsymbol{a}_1 = \begin{bmatrix} 11 \\ 13 \\ 10 \\ 9 \\ 7 \end{bmatrix}_{販促費}, \quad \boldsymbol{a}_2 = \begin{bmatrix} 7 \\ 5 \\ 3 \\ 4 \\ 6 \end{bmatrix}_{拠点数} \quad \cdots\cdots ②$$

ここでは $\boldsymbol{a}_1$ は販促費，$\boldsymbol{a}_2$ が拠点数のデータを表している．このようなベクトルは行列と区別するためにアルファベット小文字のボールド体を用いる．$\boldsymbol{a}_1$ にしろ $\boldsymbol{a}_2$ にしろ，それぞれが5行1列の行列であるといえなくもないが，一応このような配列は5次のベクトルと呼ぶことにしている．

ここでは行列 $A$ の各列を抜き出したものとしてベクトルを紹介したが，逆に②式から①式が作り出せるともいえるので，$A = [\boldsymbol{a}_1, \boldsymbol{a}_2]$ という書き方もできる．この書き方の方が，2つの測定変数（販促費と拠点数）について得られたデータを横に並べることで行列 $A$ が導かれる，という関係が納得しやすいだろう．

行列やベクトルの種類とか演算のルールにはさまざまなものがある．ここでそうしたことをこまごまと紹介していると，ウォーミングアップだけで疲れてしまうので，すべて付録に回すことにした．必要が出てきたときにそちらを参照することにしてもらいたい．

## (3) 平均偏差

原データから平均を引いた残りを平均偏差データという．そして，このような操作を指して平均偏差化と呼ぶ．さっそく，①式のデータの平均偏差を求め，これを行列 $X$ と書くことにしよう．販促費の平均は 10（万円），拠点数の平均は 5 だから，第 1 列と第 2 列の要素からそれぞれ 10 と 5 を引いて，

$$X = \begin{matrix} & x_1 & x_2 \\ & \begin{bmatrix} 1 & 2 \\ 3 & 0 \\ 0 & -2 \\ -1 & -1 \\ -3 & 1 \end{bmatrix} \end{matrix} \quad \cdots\cdots ③$$

当然，③式の行列を構成するベクトルも平均偏差化されているので，これらの平均偏差ベクトルを $x_1, x_2$ と書くことにしよう．

データを平均偏差化することによって，各支店が平均より上なのか下なのかが簡単にわかるようになる．もちろんプラスなら平均より大きいのであり，マイナスなら平均より小さいのである．平均偏差化しておくと，このように相対的な評価をするのに役立つだけでなく，統計学のさまざまな概念を記述するときに，とても便利になる．こうした準備の上で，高校の頃に習ったかもしれないベクトルの内積が活躍するのである．

## (4) ベクトルの内積が意味するもの

ベクトル $\boldsymbol{x}, \boldsymbol{y}$ の**内積**（inner product）がどんなものであるかは，次の計算例で理解してもらいたい．

$$(\boldsymbol{x}, \boldsymbol{y}) = \boldsymbol{x}'\boldsymbol{y} = [4 \ 3 \ 2] \begin{bmatrix} 1 \\ 0 \\ -1 \end{bmatrix}$$

$$= 4 \times 1 + 3 \times 0 + 2 \times (-1)$$

$$= 4 + 0 - 2 = 2$$

ベクトルは特に断らない限り列ベクトルを指して，縦書きにする．しかし計算上ないし本のスペースの都合で，$\boldsymbol{x}'$ などと $'$（プライム）をつけて行ベクトルに直すこともある．このように，列を行に，あるいは行を列にひっくり返す操作を**転置**（transpose）と呼んでいる．なおこの操作は行列に対しても行い，$\boldsymbol{X}$ に対して $\boldsymbol{X}'$ を転置行列と呼ぶ．

さて，次数の等しい2つのベクトルがあったときに，対応する各要素を順々に掛け合わせて合計した数量を内積と呼ぶ．行列でもベクトルでもない単一の数のことを**スカラー**（scalar）と呼ぶが，ベクトルの内積はスカラーである．

こんな計算をしたところで抽象的すぎて，内積の意味がピンとこないに違いない．そこで，データから計算されるさまざまの統計的な指標（これを**統計量**，statistic と呼ぶ）が，内積によって表現できることをみていこう．

## 分　　散

データの散らばり具合を表す統計量として分散と標準偏差は基本的なものである．

$n$ 次の平均偏差ベクトル $\boldsymbol{x}$ と $\boldsymbol{y}$ がたまたま同一のものであったとして内積 $(\boldsymbol{x}, \boldsymbol{x})$ を求めてみよう.

**分散**(variance)は $V_x = \dfrac{1}{n}(\boldsymbol{x}, \boldsymbol{x})$ で定義される統計量であって,素直にこの通り計算していけば分散の値が求められる.$V$ の右下についている $x$ は添え字といって,$\boldsymbol{x}$ に関する分散であることを念押しするためにつけた.間違えるおそれがなければ単に $V$ と書けばよい.さて,③式の $\boldsymbol{x}_1$ について分散を計算すると,

$$V_1 = \frac{1}{n}(\boldsymbol{x}_1, \boldsymbol{x}_1) = \frac{1}{5}[1 \ \ 3 \ \ 0 \ \ -1 \ \ -3]\begin{bmatrix} 1 \\ 3 \\ 0 \\ -1 \\ -3 \end{bmatrix}$$

$$= \frac{1}{5}\{1^2 + 3^2 + 0^2 + (-1)^2 + (-3)^2\}$$

$$= \frac{1}{5} \times 20 = 4 \qquad \cdots\cdots ④$$

③の $\boldsymbol{x}_2$ の場合は,同様に計算して $V_2 = 2$ になる.

この計算が意味することは,ベクトルの内積 $(\boldsymbol{x}, \boldsymbol{x})$ は $\boldsymbol{x}$ の要素の二乗和("ジジョウワ"と発音する),ということだ.では内積が極端に小さい場合を考えてみよう.$\boldsymbol{x}_1$ は平均偏差化されているので,5つのデータがすべて平均値と同じ場合には,ベクトルは次のようになる.

$$\boldsymbol{0}' = [0 \ \ 0 \ \ 0 \ \ 0 \ \ 0]$$

$\boldsymbol{0}$ をゼロ・ベクトルと呼ぶ.

さて、0の二乗和はゼロになるから $(\boldsymbol{0}, \boldsymbol{0}) = 0$ となり、これが内積 $(\boldsymbol{x}, \boldsymbol{x})$ のとり得る値の下限になることは明らかだろう。逆に、もしベクトルの要素に、正だろうが負だろうが平均からかけ離れたデータがあれば、$V$ が大きくなることも予想できよう。

二乗をとる操作から、平均から1つ離れていることが $V$ に与える影響は1であるのに対して、3つ離れていると $3^2 = 9$ となり、3倍ではなくその二乗倍 $V$ に影響する。このように、分散は二乗倍で測っているという性質を理解しておくとよい。すると、平均より少々離れたデータがたくさんあるよりは、平均よりかけ離れたデータが少しでもある方が $V$ が大きくなる、という予想ができるだろう。同窓会の中に大金持ちがひとり入った場合の資産の分散を考えてもらいたい。

**標準偏差**

分散の正の平方根を**標準偏差**(standard deviation)といい、$s$ という記号で表す。その他、standard deviation の頭文字をとって SD と書いたり、$s$ に対応するギリシャ文字の $\sigma$ を用いる流儀もあるが、本書では $s$ で統一しておこう。

散らばりの指標を整理すると、

$$
\begin{aligned}
\text{分散} \quad & V = \frac{1}{n}(\boldsymbol{x}, \boldsymbol{x}) \\
\text{標準偏差} \quad & s = \sqrt{V}
\end{aligned}
\quad \cdots\cdots ⑤
$$

さて、④から標準偏差を求めると、次のようになる。

$$s_1 = \sqrt{V_1} = \sqrt{4} = 2, \quad s_2 = \sqrt{V_2} = \sqrt{2}$$

これは,販促費の標準偏差は2であり,拠点数の標準偏差は $\sqrt{2}$ であって,前者の方が散らばりが大きいことを意味している.

分散はデータを二乗して求めるため,その値の単位は原データの測定単位とは直接比較できなかった.標準偏差の方はルートをとるという操作によって,原データと同じオーダーの単位に戻されるので,感覚的に理解しやすいというメリットがある.

それだけではなく,$s$ は次の**規準化**(normalization)という操作にも活躍するのである.ただし,ここでは原データを $x_R$,原データの平均値を $\bar{x}$ とする.

$$\boxed{\text{規準化}\quad z = \frac{x_R - \bar{x}}{s}}$$

この式の分子部分でしていることは「平均偏差化」にほかならない.③式のデータの場合は,すでに平均偏差化されていたから,あとは販促費と拠点数の標準偏差2と $\sqrt{2}$ でそれぞれ割るだけで,$\boldsymbol{X}$ の規準化データ(normalized data)が求められる.

$$\boldsymbol{Z} = \begin{bmatrix} 0.5 & \sqrt{2} \\ 1.5 & 0 \\ 0 & -\sqrt{2} \\ -0.5 & -1/\sqrt{2} \\ -1.5 & 1/\sqrt{2} \end{bmatrix} \quad \cdots\cdots ⑥$$

⑥式の第1列を $\boldsymbol{z}_1$,第2列を $\boldsymbol{z}_2$ と書くことにしよう.

原データを規準化することによって，もともと原データが持っていた平均値および散らばりの違いが統一されて，変数どうしで互いに比較しやすいデータに変換される．では $z_1$ と $z_2$ の平均と標準偏差は具体的にはどうなるのだろうか？

平均は0，標準偏差は1になる．ウソだと思うなら⑥式をもとに自分で確かめてもらいたい．

### 相関係数

**相関係数**（correlation coefficient）という言葉自体は新聞や雑誌にも出てくるくらい馴染みのある言葉だし，2つの変数の関係の強さを表す尺度ではないか……というくらいのボンヤリした印象は誰でも持っていると思う．

相関係数の定義式および計算法は，次のように凄くシンプルなものである．

$$\text{相関係数}\quad r = \frac{1}{n}(z_1, z_2) \qquad \cdots\cdots ⑦$$

⑥式に基づいて，販促費と拠点数の相関係数を計算してみよう．

$$r = \frac{1}{5}[0.5\ \ 1.5\ \ 0\ \ -0.5\ \ -1.5]\begin{bmatrix}\sqrt{2}\\0\\-\sqrt{2}\\-1/\sqrt{2}\\1/\sqrt{2}\end{bmatrix}$$

$$= \frac{1}{5}\{0.5\times\sqrt{2}+1.5\times 0+0\times(-\sqrt{2})$$

$$-0.5\times(-1/\sqrt{2})-1.5\times(1/\sqrt{2})\}$$
$$=\frac{1}{5}\{\sqrt{2}/2-1/\sqrt{2}\}=0$$

このデータの場合は,販促費と拠点数の相関係数は0になってしまった! 統計学では$r=0$のとき,2つの変数は**無相関**(uncorrelated)である,という.数学では,この状態のとき2つの変数は「**直交する**」とかorthogonalであるという.要するに2つのベクトルの内積がゼロなら,それらは直交しているのである.

$$\boxed{(\boldsymbol{x},\boldsymbol{y})=0 \iff \boldsymbol{x} と \boldsymbol{y} は直交}$$

⑦式の意味を理解するために,この数値例での$\boldsymbol{z}_1$と$\boldsymbol{z}_2$を組み合わせてプロットして相関図を描いたのが次のページの図1.2である.

図1.2からいえることは,販促費が大きい支店ほど拠点数が多いという傾向もなさそうだし,その逆の傾向もなさそうだ.つまり,$\boldsymbol{z}_1$の値を教えてもらったところで,$\boldsymbol{z}_2$がどんな値をとるかは簡単には当てづらい.このような同時分布をするとき,2つの変数は無相関である,という.

それにしても,図1.2のようにイビツに偏って点が分布している場合でも$r=0$になったのは,少し意外ではなかっただろうか.

ふつう無相関というと,図1.3のイ)のように円盤状に点が散らばっている状態を想像されていたと思う.ところがイ)はもちろん同図ロ)の場合も$r=0$になってしまうのである.

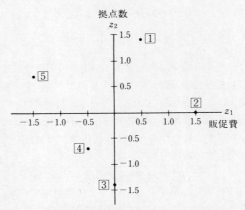

**図 1.2** 販促費と拠点数の相関図（1〜5は支店番号）

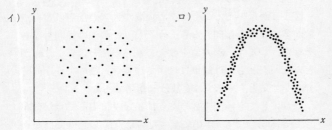

**図 1.3** 無相関な場合

ここではあえて，相関関係とは2つの変数の関連の有無を表す指標である，という素朴な期待を裏切る分布を示した．つまり，無相関であっても「2つの変数には関係がない」とはいえないのだ．図1.3ロ)では，2つの変数の間に

は大変なクリアな関係がある.ただし,$x$が大きくなれば$y$も比例して大きくなる,というような直線的な関係ではないので,$r$の値が0になってしまうのである.相関係数は曲線的な関係を表すのには不向きな統計量なのだ.図1.2と1.3からわかったことは次のことである.

> 相関係数とは2つの変数の間の直線的な関係を表現する指標であって,それ以上の意味はない.

相関係数は2変数の同時分布を記述しているだけであって,$x$が原因になって$y$が決まる,などという因果関係を実証するものではない,ということは,よくいわれることである.この,「相関関係は因果関係ならず」というよく知られた警句に加えてもうひとつ,「無相関は無関係ならず」という警句も述べたいと思う.

さて以上,分散・標準偏差・相関係数というポピュラーな統計量がいずれもベクトルの内積で表されることをみてきた.多変量解析における内積の活躍はこれにとどまらず,これからもしつこく顔を出してくる.内積には大いに御利益がありそうだ,という気がしてきただろうか?

## (5) 線型モデル

**線型モデル**(linear model)とは何なのかを一言でいえば,これは行列とベクトルの積にほかならない(……というと身もフタもないが).行列$\boldsymbol{X}$とベクトル$\boldsymbol{b}$を掛ける

と⑧式のようにベクトル $\boldsymbol{y}$ が得られる．数学では，この $\boldsymbol{y}=b_1\boldsymbol{x}_1+b_2\boldsymbol{x}_2+\cdots$ のことをベクトル $\boldsymbol{x}_1, \boldsymbol{x}_2, \cdots$ の**一次結合**（linear combination）と呼んでいる．

$$\boldsymbol{y} = \boldsymbol{Xb} \qquad \cdots\cdots ⑧$$

$\boldsymbol{X}$ として③式の数値例を使い，$\boldsymbol{b}=\begin{bmatrix}2\\1\end{bmatrix}$ として計算してみよう．

$$\boldsymbol{y} = \begin{bmatrix} 1 & 2 \\ 3 & 0 \\ 0 & -2 \\ -1 & -1 \\ -3 & 1 \end{bmatrix}\begin{bmatrix}2\\1\end{bmatrix} = 2\begin{bmatrix}1\\3\\0\\-1\\-3\end{bmatrix}+1\begin{bmatrix}2\\0\\-2\\-1\\1\end{bmatrix}$$

$$= \begin{bmatrix} 2\times 1 & +1\times 2 \\ 2\times 3 & +1\times 0 \\ 2\times 0 & +1\times(-2) \\ 2\times(-1)&+1\times(-1) \\ 2\times(-3)&+1\times 1 \end{bmatrix} = \begin{bmatrix} 4 \\ 6 \\ -2 \\ -3 \\ -5 \end{bmatrix} \qquad \cdots\cdots ⑨$$

⑨式の2番目あたりの展開をみると，販促費には2倍，拠点数には1倍のウエイトを掛けて合計点を出しているんだな，という感じがつかめると思う．

この2倍とか1倍というウエイト自体に，どういう根拠がつけられるかは別として，このような「ウエイトづけ合計」のシステム自体は，入学試験，入社試験にはじまり業績評価，人事考課に至るまで実社会にはびこっている極めてポピュラーな方式である．もっとも，人事担当者が「自分たちは線型モデルを使って評価しているのだ」という事

実を自覚しているかどうかは，また別の話である．

⑨式の線型モデルは形式的には，内積をまとめて記述したもの，という解釈もできる．

たとえば $y$ の1番目の要素のデータ"4"とその次の"6"は，それぞれ次のようなベクトルの内積から得られたものである．

第1支店の総合点……$\begin{bmatrix} 1 & 2 \end{bmatrix} \begin{bmatrix} 2 \\ 1 \end{bmatrix} = 1 \times 2 + 2 \times 1 = 4$

第2支店の総合点……$\begin{bmatrix} 3 & 0 \end{bmatrix} \begin{bmatrix} 2 \\ 1 \end{bmatrix} = 3 \times 2 + 0 \times 1 = 6$

以下の要素もまったく同様である．したがって線型モデルは内積を拡張した概念であることがわかる．

どう拡張したのかというと，ベクトルとベクトルの積が内積であったのに対して，一方が行列になった場合が線型モデルになる，というわけである．さらに拡張すれば行列と行列の積となって，とりあえず一般化は完了する．

ここで掛け算の発展とそれぞれの数値例を次ページの図1.4に示しておこう．

次に線型モデル，とくにウエイトづけの意味合いを直観的にイメージするために，線型モデルを幾何学的に表してみよう．

あまり次数の大きなベクトルを平面に表現するのは難しいので，⑨式の数値例から第1支店と第2支店のデータを抜き出して図解することにした．

スカラーどうし　$xy$　　　$5 \times 3 = 15$

ベクトルどうし　$(\boldsymbol{x}, \boldsymbol{y})$　$\begin{bmatrix} 5 & 4 & 4 \end{bmatrix} \begin{bmatrix} 3 \\ -1 \\ -2 \end{bmatrix} = 3$

$\boldsymbol{x}$を行列に拡張　$\boldsymbol{Xy}$　$\begin{bmatrix} 5 & 4 & 4 \\ 6 & 5 & 4 \end{bmatrix} \begin{bmatrix} 3 \\ -1 \\ -2 \end{bmatrix} = \begin{bmatrix} 3 \\ 5 \end{bmatrix}$

$\boldsymbol{y}$も行列に拡張　$\boldsymbol{XY}$　$\begin{bmatrix} 5 & 4 & 4 \\ 6 & 5 & 4 \end{bmatrix} \begin{bmatrix} 3 & 4 \\ -1 & -1 \\ -2 & -3 \end{bmatrix} = \begin{bmatrix} 3 & 4 \\ 5 & 7 \end{bmatrix}$

図1.4　掛け算の発展

販促費　　　拠点数　　　ウエイト　　　総合点
$\boldsymbol{x}_1 = \begin{bmatrix} 1 \\ 3 \end{bmatrix}$　$\boldsymbol{x}_2 = \begin{bmatrix} 2 \\ 0 \end{bmatrix}$　$\boldsymbol{b} = \begin{bmatrix} 2 \\ 1 \end{bmatrix}$　$\boldsymbol{y}_1 = \begin{bmatrix} 4 \\ 6 \end{bmatrix}$

図1.5では，支店を座標軸にとって変数$\boldsymbol{x}_1$と変数$\boldsymbol{x}_2$の方をベクトルで表した．

この方が変数の一次結合をとっている様子がわかりやすくなるので，こうグラフ化したのだが，変数を座標にとらなかったので，驚かれたかもしれない．ここはひとつ発想を転換してもらいたい．

図1.5を見ると，$\boldsymbol{x}_1$を2倍に引き延ばし，$\boldsymbol{x}_2$はそのままにして合計すると，高校時代に習った平行四辺形の法則（とかいったかな？）が使えて$\boldsymbol{y}_1$が決まってくることが納得できると思う．

図1.5では$\boldsymbol{y}_1$は$\boldsymbol{x}_2$よりも$\boldsymbol{x}_1$寄りに位置づけられている．したがって$\boldsymbol{x}_1$に与えるウエイトが大きく，$\boldsymbol{x}_2$に与え

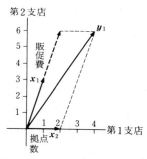

**図 1.5** 線型モデルの幾何学的表現

るウエイトが小さくなるほど，$y_1$ は $x_1$ と方向が似てくることが予想できよう．このことは，総合評価の $y_1$ は主に販促費で決まってきて，拠点数の影響は少ないことを意味している．

極端なケースである $b' = [1 \quad 0]$ を考えると話がもっとスッキリする．

$$y = \begin{bmatrix} 1 & 2 \\ 3 & 0 \end{bmatrix} \begin{bmatrix} 1 \\ 0 \end{bmatrix} = 1 \cdot \begin{bmatrix} 1 \\ 3 \end{bmatrix} + 0 \cdot \begin{bmatrix} 2 \\ 0 \end{bmatrix} = \begin{bmatrix} 1 \\ 3 \end{bmatrix}$$

つまり，$y$ は $x_1$ に完全に一致して，拠点数の情報は無視されることになるのだ．

もっと $b$ の自由度を広げて考えてみよう．$b_2' = [1 \quad -3]$ とした場合の $y_2$，$b_3' = [-2 \quad -2]$ とした場合の $y_3$ などを図示したのが次ページの図 1.6 である．

ウエイトベクトル $b$ を 1 つ定めれば，それに対応して $y$ が 1 つ定まる．$b$ が任意だとしたら，$y$ は空間の右上の領

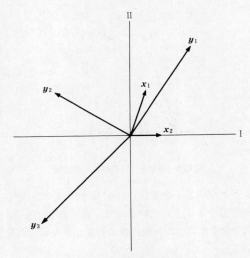

図 1.6　線型モデルは空間を定める

域（第 1 象限）に制約されることなく，左上（第 2 象限）だろうと左下（第 3 象限）だろうと，右下（第 4 象限）だろうと，どちらの方向へでも自由に向くことができる．

ベクトル $b$ の要素の値だって 1 や 2 のような小さな数でなければならないということはない．図 1.6 のグラフの単位で 1 億だとか 10 兆だとかいうウエイトを掛けると，$x_1$ と $x_2$ から作られる合成変数の $y$ はこの本のページから飛び出して，はるか宇宙のかなたに飛んでいってしまうのだ（合成変数の意味は 43 ページで説明する）．実際に $y_1$ の長さを 10 兆倍に伸ばして巻き尺をひっぱってみせるこ

とは困難なのだが,ここは頭の中で思考実験をしてもらいたい.

ここでいいたかったことは,2つの列ベクトル $x_1, x_2$ が与えられた時に,その線型モデルを考えると,$b$ が任意であれば,$x_1$ と $x_2$ で張られる平面内のどのベクトルでもこの線型モデルで表現できる,ということなのである.もし $x_1, x_2, x_3$ と独立なベクトルが3つあればわれわれの住むこの3次元の世界のどのポジションでも $y = Xb$ という線型モデルで指し示すことができる.何が独立であり,何が独立でないかについては図1.6でいえば $x_1$ と $x_2$ は独立だが,$y_1$ は $x_1$ と $x_2$ によって定められるから独立ではない,ということで雰囲気をつかんでもらいたい.より正確にいえば,ベクトルの組は**一次独立**(linearly independent)でなければ**一次従属**(linearly dependent)という.

ベクトルが4つあれば4次元空間,ベクトルが256あれば256次元空間になる……のだが,このような高次元になると絵に描いてみせるわけにはいかない.読者は,とりあえず3次元空間までを頭の中に描いてもらい,そこから先は,「後は推して知るべし」ということで納得してもらいたいのである.

本章では,ウエイトベクトル $b$ を定める方法については何もふれなかった.$b$ の合理的な決定法,それこそが個々の多変量解析モデルのミソなのである.

以上で,多変量解析を理解する2つの道具立てである内積と線型モデルの紹介を終えたい.建物を見せる前にノミ

とカナヅチを見せたようなもので，少々心苦しく思っている．

## 1.3 そのほかの用語の説明

### (1) 4種類の尺度

表1.5に4種類の尺度のメジャメント特性を一覧した．

**名義尺度**

相等性とは，等しいモノには同じ数字を与え，違ったモノには違った数字を与える，というルールを意味する．たとえば顧客データ・ベースで「1. 男性」「2. 女性」とコードしたとき，この1とか2というコード番号は名義尺度の値である．したがって，女性が男性の2倍何かが優れているといったような深い意味は持っていない．名義尺度に許される変換は1対1の置換であるから，1番と2番を逆にしても構わないし，いっそのこと一方に「007」，他方に「1107」と数字を与えても，何も文句はないはずだ．

**順序尺度**

より上位のモノには大きな数字を，下位のモノには小さな数字を与える，というルールで数字を付与していく（あるいはその正反対でもよい）．第8章のコンジョイント分析では，この順序情報を分析データとして扱う．

マーケティング・リサーチでは，好きなビールを選択肢の中から選ばせたり，評定尺度法で回答を求める質問形式が多い．評定尺度法というのは「非常に好き」〜「非常に

表 1.5 メジャメントの種類と特性

| 尺度 | 測定の要件 | 尺度の要件 | 尺度値に許される変換 | 計算してよい統計量 | 典型的な例 |
|---|---|---|---|---|---|
| 名義尺度 nominal scale | 相等性がわかる | = or ≠ | $x \to y$<br>1対1の置換 | 頻度のカウント<br>最頻値(モード)<br>属性相関 | JANコード<br>産業・職業分類<br>野球選手の背番号 |
| 順序尺度 ordinal scale | 順序関係がわかる | > < | $y = f(x)$<br>$f(\ )$は単調変換<br>$x_i > x_j \Leftrightarrow y_i > y_j$ | 中央値(メジアン)<br>パーセンタイル<br>順位相関 | 食品の嗜好尺度<br>人気企業ランキング<br>鉱物の硬度(モース尺度)、風力 |
| 間隔尺度 interval scale | 差が測れる | 測定単位がある | $y = ax + b$<br>アフィン変換<br>$a > 0$ | 平均(ミーン)<br>分散・標準偏差<br>積率相関<br>距離 | 知能、偏差値、エネルギー、温度<br>暦年(皇紀、平成、西暦…) |
| 比率尺度 ratio scale | 比が測れる | 測定単位と絶対原点がある | $y = ax$<br>相似変換<br>$a > 0$ | 幾何平均<br>変動係数 $s/\bar{x}$<br>ロジット $\log \frac{p}{1-p}$ | 株価、金利、資本<br>配当率、従業員数 |

嫌い」まで何段階かのスケールのどこかにチェックさせるような質問法である．したがって，調査から得られるデータは，ほとんどが名義尺度か，順序尺度で測られた尺度値だと思ってよい．もちろん選択肢は名義尺度で評定尺度は順序尺度である．

**間隔尺度と比率尺度**

単位が存在する測定であれば，間隔尺度か比率尺度である．両者の違いは，絶対原点すなわち真の意味でのゼロ点が尺度上で確定しているか否かの違いである．表1.5を見れば両者の区別がわかるだろう．間隔尺度と比率尺度の2種類をまとめて，**量的データ**（quantitative data）と呼ぶことがある．すると，その対立語として，名義尺度と順序尺度は**質的データ**（qualitative data）ということになる．すでに15ページの表1.2にこの2つの用語が出ているが，両者は次のように使い分けているのである．

　量的データ……測定単位のある数量データ，距離が測れる変数

　質的データ……職業や使用ブランドのようなカテゴリカルデータ，または順序データ

### (2) 次元と変数

16ページの図1.1に示したような縦・横の座標のことを**次元**（dimension）という．しかし，多変量解析のユーザーによっては同じものを軸とか解とか根（コン）と呼ぶ流儀もある．次元，軸，解および根はそれぞれニュアンスが違

うのだが，本書ではそう神経質にならず，皆同じものを指しているということにしよう．

また本書では，話を単純にするために，次元はすべて直交しているものと仮定しておく．これは幾何学的にいえば，各座標のなす角度が互いに直角であるということに相当する．もっとも，空間の次元は2次元とは限らず，3次元，4次元さらには32次元とか64次元である場合もあろう．このように，次元数が多い時は，直角という呼び方では不正確だし，想像もしづらい．座標ベクトルのすべての組み合わせについて内積がゼロのとき空間は直交している，という説明で納得してもらいたい．

因子分析の場合は次元と同じものを因子と呼び，主成分分析の場合は主成分とか成分などということもあり，初心者は面食らってしまう．これらは，分析の文脈によって使い分けているのであって，悪気はないのである．もし混乱してしまうのであれば，すべてが「次元」の別称なのだと割り切ってもらってもそう間違いではない．

**変数**（variable）の方は次元とは異なり，直交しない場合もあり得る．さらに次の3種類の変数を区別しながら，本書を読んでもらいたい．

**測定変数**……実験や調査・記録などを通してデータを測れる変数

**潜在変数**……測定変数の背後に潜んでいると想定される仮設的な変数

**合成変数**……測定変数を積み上げることで明示的に定義

される変数．物価や経済指標，経営指標，民力度などの指標はすべて合成変数である

## 1.4 本書のパノラマ

図1.7に本書の構成を一覧した．15ページの表1.2の区分にそって，はじめの言葉からはじめて，終わりの言葉で終わるように各章を配列した．本書はどの章からでも拾い読みできる記述方針をとった．しかし，まずひととおり多変量解析の理論を早わかりしたいという方には，本章に引き続き，第6章，第7章の順に読まれることをお勧めする．

また，ありきたりの多変量解析は使いつくしているというベテラン・ユーザーなら，変わり種である第8章のコンジョイント分析から読まれるか，あるいは第9章と第10章の苦労ばなしを読まれる方が面白いかもしれない．

付録としては，線型代数の補足を載せた．本文を読んでいてわからなくなったときに参照してもらいたい．本書は初心者のための多変量解析早わかりを意図したので，標準的な手法については文献の紹介を省略した．しかし，馴染みのなさそうな手法，たとえばコンジョイント分析，CHAID，共分散構造分析などについては，わりあい詳しく引用文献を巻末にリストアップした．もっと詳しく勉強したい方は参考にしてもらいたい．

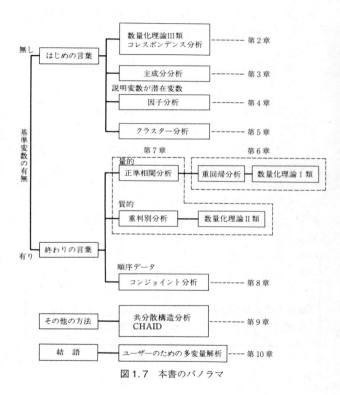

図1.7 本書のパノラマ

## 第2章 コレスポンデンス分析と数量化理論Ⅲ類
### ——製品やブランドをポジショニングする

　コレスポンデンス分析と数量化理論Ⅲ類は，マーケティングの分野でポピュラーに使われている方法である．原理的には第7章で述べる正準相関分析に基礎をおくし，分析対象とするデータ行列も似通っているので，ここではグループ名称としてパターン分類と呼ぶことにする．本章では，パターン分類の基本的な概念を説明した上で，「地域計画」「テレビ番組嗜好」「製品開発」への応用事例を示し，最後に使い方のコツを述べよう．

---

●パターン分類は，カテゴリーデータの分析に使われる
●多くの変数を少数の次元にまとめることができる
●ポジションをビジュアルに表現することができる

---

### 2.1　パターン分類の思想

　態度項目への回答パターンを手がかりに，似た回答をし

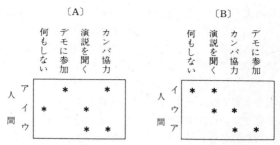

図2.1 ガットマン・スケールの例

た人間同士と回答が似た態度項目同士をそばに並べてゆくと,数珠つなぎの鎖ができる.これがガットマン (1941) の提唱したガットマン・スケール (Guttman scale) である.分析の結果作られるスケールのことを軸とか次元とも呼ぶ.

図2.1〔A〕を見てみよう.これは「あなたはどのように政治に参加していますか?」という質問を,ア,イ,ウ3人の人にした結果を整理したものである.表頭の4項目が態度項目である.表中の＊印は各人がそれぞれの項目にハイと答えたことを示し,無印はイイエであったことを示している.図2.1の〔A〕をハイなら1,イイエなら0の**ダミー変数** (dummy variable) で表示すれば,次のような行列に書き表すことができる.

$$D = \begin{bmatrix} 0 & 1 & 0 & 1 \\ 1 & 0 & 1 & 0 \\ 0 & 0 & 1 & 1 \end{bmatrix}$$

このようなデータ行列 $D$ のことを**回答パターン行列**と呼ぶことにしよう。回答パターン行列については，第7章でさらに検討を行う．さて〔A〕の行と列をそれぞれ適当に並べかえて〔B〕のような表に直してみる．適当にとはいっても，どう適当にするのかが疑問になると思うが，その説明は第7章の正準相関分析のところでしたい．ここでは何かうまい操作で〔B〕のような並べかえが済んだとして，話を先に進めよう．ここでA，Bの表を比較すると……

- どう並べかえようが，もともとあった情報が変わるわけではない．つまり，パターン分類はデータそのものを歪曲しているわけではない．
- しかし，〔A〕と〔B〕を比べれば，〔B〕の表の方が圧倒的に見通しがよくなっている．政治参加に消極的なイから積極的なアの人まで，人間がうまく配列されているし，項目の方も，これと同じ意味合いで「何もしない」から「デモに参加」へと配列されている．つまり，パターン分類によって，「政治的参加度」とでも呼べるような尺度上に人間と項目が同時分類できたことになる．もし，1次元の尺度に並べきれないくらい，パターン行列が複雑な構造をしている場合は，2次元，3次元，…に拡張することになる．

ガットマンはもともと手作業によって，このガットマン・スケールを構成することを提唱したのだが，分類したい人間の数や項目数が増え，しかも多次元的な尺度まで求

めることになれば,手作業では対応しきれないのは当然である.そこで問題を数学的に定式化してコンピュータで解を求める,という方向に分析法が進化していった.ガットマン自身も含めて,世界中で大勢の研究者がさまざまな解法を開発してきているが,なかでもポピュラーなのが,本章で紹介する林 (1956) の数量化理論Ⅲ類とフランス学派の中心人物ベンゼクリ (1973) らのコレスポンデンス分析である.コレスポンデンス分析は対応分析とも呼ばれる.

では,同じパターン分類の方法である,コレスポンデンス分析と数量化理論Ⅲ類はどこが違うかというと,対象とするデータ行列の形式が違うだけである.コレスポンデンス分析は反応頻度を分析データにしているのに対して,数量化理論Ⅲ類は,YESかNOつまり1-0の**ダミー変数行列**を分析する.しかし頻度が解けるのであれば,頻度がたまたま"1"か"0"であっても解けるはずだ.その意味でコレスポンデンス分析は数量化理論Ⅲ類を含んだ,より一般的なモデルということになる.簡単にいえば,コレスポンデンス分析のプログラムさえあればⅢ類の問題は解けるよ,ということである.

表2.1 パターン分類の位置づけ

## 2.2 数量化理論Ⅲ類による都市イメージの分析

運輸省第一港湾建設局 (1975) では，日本海地域に住む18歳〜59歳の男女3000人を対象に調査を行い，「住み心地のよし悪しに関する住民意識」を分析した．変数は「消費生活」，「交通環境」，「自然への意識」など46変数である．「住んでもよい」にYESかNOで答えさせたデータを，数量化理論Ⅲ類にかけた．これはパターン分類による意識分析の典型的な事例である．

数量化理論Ⅲ類による分析の結果，次の3次元が抽出された．

第1次元：〈静的・現状肯定志向⟷動的・変革・脱出志向〉

第2次元：〈情緒志向⟷生活密着志向〉

第3次元：〈大都市志向⟷地域性志向〉

第1・第2次元空間における各変数の位置は図2.2に示す通りである．第3次元も加えて3次元空間を描き，各座標軸の意味づけから8つの象限に名称を与えた結果が図2.3である．

特に図2.3のような3次元空間表示は，立体的なイメージが湧いて親切であろう．今日では，コンピュータのグラフィック表現の技術が進歩してきているので，3Dで立体感を出すというビジュアルな表現も可能になっている．

数量化理論Ⅲ類を用いると，住民の方も次元の数が等し

## 2.2 数量化理論Ⅲ類による都市イメージの分析

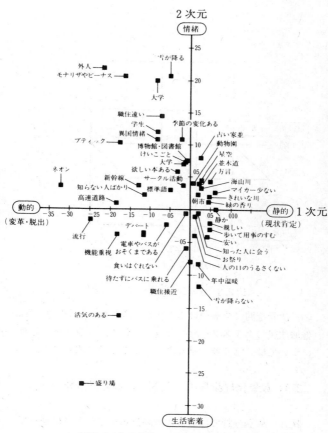

図2.2 住み心地に関する2次元の分布

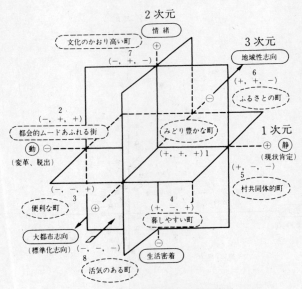

図2.3 住み心地に関する3次元空間

い多次元空間に位置づけることができるので、同調査では地域住民のクラスター分析も行っている。クラスター分析については、第5章で扱うので、ここでは省略しよう。

## 2.3 数量化理論Ⅲ類によるテレビ番組嗜好の分析

次に、放送分野では数量化理論Ⅲ類をどのように使っているかを、小島ら（1994）の調査事例で紹介したい。この

調査は NHK が 1991 年 7 月に実施した「映像ソフト嗜好調査」であり，丁寧な分析と表現上の工夫に特徴がある．

これは「ニュース・報道」「実用・講座」「スポーツ」「ドラマ・映画」「音楽」などの番組ジャンルごとに，テレビで何が見たいかを複数回答で選択してもらった調査である．全国の 16 歳以上の男女 1800 人を対象に留め置き法で実施し，有効回収数は 1495 人であった．

## (1) 分析方法

同調査は，番組嗜好だけで 8 ジャンル，合計 262 の選択肢から成っている．数量化理論Ⅲ類のために複数回答を選択カテゴリー単位の YES/NO データに変換すると，列数が 262 のデータ行列になる．

一度に 262 の変数を分析すると解釈が難しくなるため，各ジャンルから 10 個程度の変数を選択して数量化理論Ⅲ類にかけることにした．

ジャンルとしては特番などを除き，「ニュース・報道」「趣味・実用・講座」「スポーツ」「ドラマ・映画（日本）」「音楽」の基本的な 5 ジャンルを分析の対象とした．

## (2) 各ジャンルごとの解析

音楽番組での第 2 根と第 3 根を軸として，数量化理論Ⅲ類からアウトプットされる**カテゴリースコア**という数値をプロットした結果は，図 2.4 の通りになる（小島らは次元のことを根と呼んでいる）．

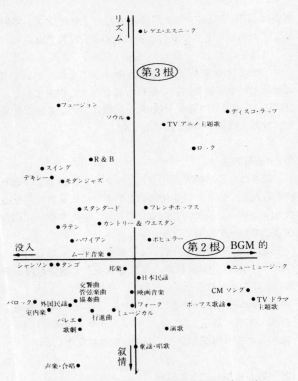

**図2.4** 音楽番組嗜好のカテゴリースコアのプロット

また，**サンプルスコア**という数値を集計して図2.5のような軌跡を描いた．テレビ番組嗜好と男女年齢層の関係が一目瞭然となる．この図を見ると，男女とも若年層から高

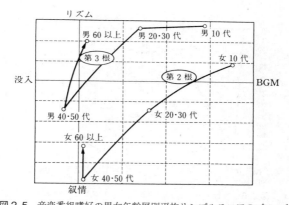

図2.5 音楽番組嗜好の男女年齢層別平均サンプルスコアのプロット

齢層へと移行するにつれて,同じ方向へ平行移動することが示されている.つまり,番組嗜好を規定する軸の裏側には,性と年齢という大きな要素があることが推定できる.

## (3) 総合的な解析

次にジャンルを統合した数量化理論Ⅲ類を行った.男女年齢層別サンプルスコアによる第1根〜第3根の立体プロット図は,図2.6のようになり,「男女ともに年代が若いほど娯楽志向である」「女性のほうが娯楽志向が強い」「40代で教養志向に転ずる」という傾向がはっきりと表れている.

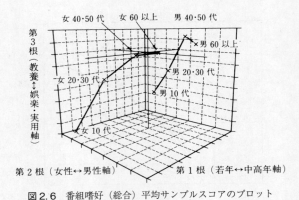

**図2.6** 番組嗜好（総合）平均サンプルスコアのプロット

## 2.4 コレスポンデンス分析を用いたシャンプーのポジショニング分析

芝井ら（1993）の研究事例を紹介する．ポジショニング分析からマーケティング戦略の提案まで導いた研究である．

### (1) 研究の目的

今日，シャンプーは価格・品質・機能とも多様な製品が出揃っており，ターゲットも細分化されている成熟市場である．しかし，近年の動きを見ると「リンスイン」「レイブロック」「ツヤコート」「スタイリング」など機能開発が第2/第3段階へと進化している．今後もこのような開発動向

が続くものと予想され，新製品開発の余地はまだ残されていると考えられる．

ただし，成功のためには製品の差別的なポジショニングが必要であろう．そこで，新製品の市場導入時におけるポジショニングと，想定されるターゲットを探ることにした．

## (2) 調査の概要
・対象者：34歳以下の既婚女性
・有効回収数：81人
・調査方法：自記式質問紙
・調査項目：● シャンプーの主要銘柄に対するイメージ
　　　　　　● シャンプーの購入意向銘柄
　　　　　　● ヘアケア品の銘柄認知，購入と使用実態
　　　　　　● デモグラフィック変数（年齢，職業，住居など）

## (3) 分析結果

コレスポンデンス分析によれば，第1次元〜第3次元までで累積寄与率（76ページ参照）が79%であった．本分析では次のように各次元を解釈した．

第1次元 〈普及/親近感⟵⟶高級/高品質〉
第2次元 〈心理的効用⟵⟶物理的効用〉
第3次元 〈自然⟵⟶非自然〉

第1, 2次元空間におけるブランドとイメージ変数のマ

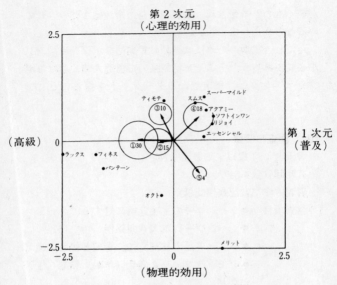

図 2.7a　シャンプーのブランド空間

ップを図 2.7a, b に示した.

ここでグラフを 2 つに分けたのは，厳密にいえばブランド空間とイメージ空間が同一の空間ではないからだ．つまり a の第 1 次元と b の第 1 次元はぴったり重なるわけではなく，正準相関という相関係数に対応した一定の角度をもって似たような方向に向かっている．正準相関の値が高いほど 2 つの次元が接近する．同様に a の第 2 次元と b の第 2 次元もぴったり重なるわけではない．どういう原理

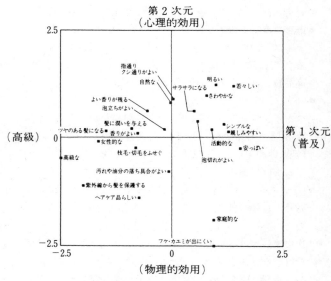

図 2.7b　シャンプーのイメージ空間

からそうなるかは後の 7.2 節で説明しよう.

なお実務の世界ではブランドとイメージを同一の空間に重ね書きする事例をたまに見かける. この表現は海外ではジョイント・ディスプレイとかフレンチ・プロットなどと呼ばれている. しかしフランス学派の 1 人であるグリーンエーカー (1994) 自身が, 行要素と列要素, 図 2.7 でいえば, ブランドとイメージの点はそれぞれ異なる空間に属することを認めている. グラフの重ね書きはあくまでも解釈

- 既存ブランドのポジションは，外資系の「ラックス」「フィネス」「パンテーン」がおおむね「高級な」「ツヤのある」「髪に潤い」「枝毛・切れ毛防止」「香り」などの高級/高品質イメージの方向に位置づけられている．
- 一方，「スーパーマイルド」「スムス」「アクアミー」「ソフトインワン」「リジョイ」などはおおむね「サラサラになる」「さわやかな」「明るい」「若々しい」「シンプルな」「親しみやすい」「活動的な」など，心理的効用のイメージの方向にある．
- 「ティモテ」は「自然な」，「メリット」は「フケ・カユミ防止」に特化したベネフィットを知覚されているようだ．

次にターゲット・セグメンテーションのために各対象者の選好ベクトルを求めた．その方法は，各シャンプーのブランド空間（図2.7a）の座標データを説明変数とし，各シャンプーを好きな度合いを基準変数として重回帰分析にかける（重回帰分析については第6章で説明する）．そこで得られた偏回帰係数をベクトルの方向として，マップ上にベクトルを描けばよい．この方法は，**選好回帰**と呼ばれている．選好回帰はもともとキャロル（1972）が提案したMDS（多次元尺度構成法）の1つで，PREFMAP（preference mapping）というモデルが原案であった．最近ではマーケティング・サイエンスにおけるポピュラーな手法になっている．

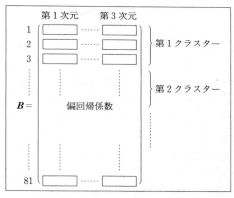

図 2.8　偏回帰係数の行列

次に芝井らは，各対象者の**選好ベクトル**を対象者数×次元数の偏回帰係数の行列（図2.8）で表し，このデータ行列を**クラスター分析**して，5つのクラスターを求めた．第1〜第5のクラスターの位置を図2.7aに①〜⑤などと書き込んだ．各円は，各クラスターのサイズ $n_j$ を表すように描いている．すなわちクラスター $j$ の半径は $r_j = c\sqrt{n_j}$（ただし，$c$ は適当な正の定数）である．図2.7aの矢印は偏回帰係数をクラスター別に平均することで求めた平均選好ベクトルを意味する（図2.8参照）．

①**第1クラスター**

第2象限と第3象限に位置し，外資系の「ラックス」「フィネス」「パンテーン」に近接し，「高級な」「紫外線から髪を保護する」「ツヤのある髪」「女性的」「髪に潤いを与え

る」「枝切れ・切れ毛防止」「香りがよい」など，高級/高品質なベネフィットを求めるグループである．

②第2クラスター

第1クラスター同様，第2象限と第3象限に位置し第1クラスターに近いクラスターで，高級感を志向するグループである．ほぼ第1クラスターと重なるが，ブランド選好があいまいなことが，平均選好ベクトルが短いことからうかがえる．

③第3クラスター

第2象限に位置し，「よい香りが残る」「自然な」シャンプーを志向するグループである．

④第4クラスター

第1象限に位置し，「スーパーマイルド」「スムス」「アクアミー」「ソフトインワン」「リジョイ」などに接近し，「泡切れがよい」「サラサラになる」「明るい」「若々しい」「シンプルな」「親しみやすい」「活動的な」など，心理的効用を求めるグループである．

⑤第5クラスター

第4象限に位置し「メリット」に代表される「フケ・カユミが出にくい」「家庭的」を強く求めるグループである．

(4) 新製品開発の提案

新製品として考えられるブランドのポジションは，高級/高品質と「自然な」イメージを兼ね備えたシャンプーが考えられる．つまり，第2象限に製品化の可能性があるも

のと考えられた．この象限には先行ブランドはまだ少なく，当面ティモテが競合ブランドとして想定される．

### (5) 新ブランドのターゲット

髪の特性で「髪に潤いを与える」「ツヤのある髪になる」「枝毛・切れ毛防止」など効用を期待する消費者である．具体的には，第1，第2，第3のクラスター層と想定した．「汚れを洗い落とす」というシャンプーの基本機能がクリアされた現段階では，「髪に潤いを与える」「ツヤのある髪になる」「枝毛・切れ毛を防ぐ」など髪を保護する効用を期待する消費者が多い．しかしこれらの物理的ベネフィットを備える製品を開発できたとしても，差別性をもった商品として消費者に認知させるにはパッケージング，コミュニケーション戦略を含め，多角的なマーケティング活動の展開が必要である．

## 2.5 パターン分類を使いこなすコツ

パターン分類を行うときは，あらかじめ次元を想定した上で変数を設定しなければならない．しかし，現実には明確な意図もなく，何となく集まってしまったデータにパターン分類を適用するという場合も多い．その結果として，解釈できない分析結果が出てくることもあれば，DK (don't know) に対応した次元が出てくるだけのこともある．分析がうまくいかなかったとしても，それはコンピュ

ータのせいでもなければ，分析モデルが悪いわけでもない．他人のせいにすべからず！　たいていは分析者自身に責任がある，と思ってよい．

　つまり，パターン分類を成功させる最も肝心なポイントは，計算段階ではなくパターン分類に必要な設問を用意して，分析データを収集する計画段階にあるのである．

　何の目的でパターン分類をしたいのか？　そのためには，どのようなデータを集めなければならないのか？　という根本に遡って，データ収集計画を立てるのが正しい解析の姿勢である．何となく出力されてしまったアウトプットを気合いをいれて読んで，無理やり解釈をこねくりまわす，というのは，分析の無計画さを糊塗する姿勢というべきだろう．

## 第3章 主成分分析——情報を集約する

 主成分分析（PCA, Principal Component Analysis）は，経営分析や地域や商圏の総合指標作りによく使われている．第4章の因子分析と比べると，共通性の推定だとか因子の一意性をめぐるわずらわしい問題がなく，理屈が単純なので使いやすい．

---

- ●多数の要因を少数の総合指標に集約したいときに使う
- ●原データの分散情報を主成分で表すことができる
- ●主成分分析では座標軸の回転は行わない

---

### 3.1 主成分分析とは何か

 主成分分析の入力データは，$p$個の数量的な変数に関するデータを並べた多変量データ行列である．ここで，$X$の行数は$n$であり，$X$は各変数（列）について平均偏差をとったものとする．

$$\underset{n\times p}{\boldsymbol{X}} = \begin{pmatrix} \overset{1}{\square} & \overset{2}{\square} \cdots \cdots \overset{p}{\square} \\ \cdots\cdots\cdots\cdots\cdots\cdots\cdots \\ \square & \square \cdots\cdots \square \end{pmatrix}$$

$p$ 個の変数の**分散共分散行列**は

$$\boldsymbol{C}_{XX} = \frac{1}{n} \boldsymbol{X}' \boldsymbol{X} \qquad \cdots\cdots ①$$

この行列 $\boldsymbol{C}_{XX}$ の $j$ 番目の主対角要素としては $\frac{1}{n}(\boldsymbol{x}_j, \boldsymbol{x}_j)$, つまり第 $j$ 変数の分散が入る. また, $j$ 行 $k$ 列目の要素には $\frac{1}{n}(\boldsymbol{x}_j, \boldsymbol{x}_k)$ が入る. これを第 $j$ 変数と第 $k$ 変数の「共分散」と呼ぶ. そういうわけで $\boldsymbol{C}_{XX}$ のことを分散共分散行列と呼ぶのである. 図 3.1 に分散共分散行列と**相関行列**の関係を説明した. この図の $\boldsymbol{C}_{XX}$ は $n$ で割っているので, 厳密には標本共分散行列と呼ぶべきである ($n-1$ で割ると不偏共分散行列が得られる).

分散共分散行列

$$\boldsymbol{C}_{XX} = \frac{1}{n} \boldsymbol{X}' \boldsymbol{X} = \begin{pmatrix} s_1^2 & & s_{jk} \\ & s_j^2 & \\ & & s_p^2 \end{pmatrix}$$

データが規準化されていたら相関行列になる

$$\boldsymbol{R}_{XX} = \frac{1}{n} \boldsymbol{Z}' \boldsymbol{Z} = \begin{pmatrix} 1 & & r_{jk} \\ & 1 & \\ & & 1 \end{pmatrix}$$

図 3.1　行列の積で説明すると……

次に
$$f = Xw \qquad \cdots\cdots ②$$
という線型モデルを考える. $f$ は $X$ に $w$ を右から掛けて得られる合成変数であって,これを主成分スコア・ベクトルと呼ぶ. $w$ は,各変数にかかる重みベクトルである. 主成分分析ではこの重みのことを主成分係数と呼んでいる.

$f$ は平均偏差ベクトルになるので,主成分スコアの分散は,$\frac{1}{n}(f,f)$ である. 主成分分析の論理は,
$$(w,w) = 1 \qquad \cdots\cdots ③$$
という $w$ に関する制約の下で主成分スコアの分散が最大になるように $w$ を定めよう,というものである. なぜ主成分スコアの分散を大きくしたいのか,と問われれば,せっかく②式で $p$ 個の変数の情報を $f$ という合成変数に集約したのだから,もし主成分スコアの分散が小さかったらサンプル間の違いがわからなくなって都合が悪いでしょう,という答えで納得してもらいたい. 極端な話,主成分スコアの分散が0だとしたら,全ての対象に同一のスコアを与えることになる. ここで,「人間や企業を差別するのはけしからん,すべてのものに同じスコアを与えるべきだ」という平等主義のイデオロギーをもち出すと,話は宗教ないし政治の問題となって多変量解析の領域から答えることは難しくなるのだ. ここでは,「少ない変数で消費者や製品やブランドなどの差をハッキリさせたいのだ」という趣旨でご了解願いたいと思う.

③式の制約についての弁明はもっと簡単である. ②式を

見ればわかるように $w$ の大きさが $f$ の大きさを決めてしまうので、$w$ を野放しにしておくと主成分スコアは大きくも小さくもどうとでも変化してしまう.

そこで $w$ のサイズを一定におさえる必要が出てくる. ③式は $\|w\|=1$ と同じ意味であるから、$w$ のノルムを1に規準化したことになる（ノルムというのはベクトルの大きさを表す量であり、$\sqrt{(x,x)}$ で計算されて $\|x\|$ と表記する. 119ページも参照のこと）. これはあくまでも約束ごとであって、いくつに規準化しようが本質的な違いはない. $w$ の大きさを一定に制約する、というところが肝心なのであって、たまたま $\|w\|=1$ にしたのは、ただそうした方が多少扱いやすくなるから、という都合でしかないのだ.

ここで述べた定式化の考え方が分析法の要なのである. 主成分分析の解法にしたがって具体的に $w$ を求め、さらに②式から $f$ を計算することなど、何でもないことだ. $w$ は $C_{xx}$ の**固有ベクトル**（eigenvector）として計算される. これは出来合いの分析プログラムを利用して、パソコンに計算を実行させれば、それで済む問題である.

ユーザーの方々はこのような数値計算の作業に熱中するよりも、むしろ「定式化の精神」と「解の意味」の方に思いをめぐらせていただきたい.

なぜ主成分スコアの分散を大きくしたいのか、そこにはどんな正当性が認められるかを納得することの方が、計算手続きに詳しくなるより大切である.

## 3.1 主成分分析とは何か

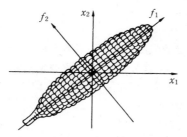

（注）ツブツブはデータの散布状態を示す。
図3.2 トウモロコシで理解する主成分分析

参考までに主成分の直観的なイメージを図3.2に示した。ここで $x_1, x_2$ と書いたのはオリジナルの変数である。

$f_1, f_2$ というのが主成分分析から得られた第1主成分と第2主成分である。こういう細かい話はともかく、あなたは図3.2をごらんになってどんなイメージをもたれただろうか？ 私は主成分は焼鳥とか焼トウモロコシのクシのようなもの、というイメージをもっている。よく屋台でトウモロコシを手に持ちやすいように棒を通して売っているが、あれが第1主成分ではないかと思う。

もう1本串刺しにするなら、トウモロコシの中央部に1本目と直角にさしてやると安定がよくなるはずだ。これが第2主成分という感じである。もともとあった $x_1, x_2$ を旧座標とすれば、$f_1$ と $f_2$ を新座標と考えることができる。データの散らばり具合、トウモロコシでいえばツブツブの位置の違いが一番要領よく表現できるように新座標を決め

てやるのが主成分分析ではないだろうか．

新しい合成変数を作ってやって，その合成変数については座標値の分散が最大になる．そんな具合に主成分を決めようじゃないか，という話なのだ．あくまでも「話」にすぎないわけで，あなたとしてはそういう分析のストーリーはイヤだから承服できないよ，ということであれば，それはそれで仕方ない．

いずれにせよ，主成分分析はこのような定式化の精神にのっとっているわけで，「それなら使おう」とか「それじゃ使いたくない」と判断されるのは，財務指標分析なり地域特性分析なり，具体的な分析上の課題をかかえているユーザー自身なのである．

## 3.2 スキー・ブランドのマップ

首都圏の大学生200人に，ロシニョール，ヤマハなど16ブランドのイメージを聞いた．質問の方法は「各スキー板はそれぞれ次のイメージに該当しますか．該当する場合には○印をしてください」というYES-NO型の質問である．調査結果は表3.1の通りで，表中の数値は○印をつけた人数を表す．

表3.1のデータのうち，「プロっぽい」〜「わからない」の10変数に関するデータから①の計算式に基づいて分散共分散行列 $C_{xx}$ を求めて，それを主成分分析にかけたところ，表3.2の分析結果が出力された．主成分スコアの各列

表3.1　スキー板の分析データ

| ブランド名 | プロっぽい | カッコいい | 好き | かわいい | 一般的 | ミーハー | 初心者 | ダサイ | 嫌い | わからない | 欲しい |
|---|---|---|---|---|---|---|---|---|---|---|---|
| ロシニョール | 33 | 15 | 38 | 11 | 71 | 94 | 7 | 4 | 8 | 5 | 37 |
| ヤマハ | 10 | 6 | 24 | 18 | 75 | 46 | 29 | 5 | 5 | 12 | 10 |
| オガサカ | 67 | 5 | 18 | 1 | 32 | 4 | 12 | 25 | 24 | 11 | 14 |
| カザマ | 25 | 5 | 12 | 2 | 33 | 4 | 18 | 40 | 23 | 31 | 8 |
| アトミック | 52 | 32 | 24 | 5 | 32 | 32 | 3 | 11 | 5 | 17 | 35 |
| ニシザワ | 23 | 7 | 12 | 1 | 8 | 1 | 3 | 32 | 15 | 28 | 11 |
| クナイスル | 32 | 13 | 12 | 0 | 37 | 2 | 6 | 23 | 16 | 33 | 9 |
| K2 | 48 | 26 | 24 | 3 | 20 | 32 | 2 | 10 | 21 | 20 | 23 |
| フィッシャー | 27 | 14 | 18 | 2 | 20 | 7 | 3 | 9 | 12 | 37 | 11 |
| ブリザード | 41 | 25 | 20 | 4 | 24 | 8 | 2 | 12 | 12 | 28 | 17 |
| ミズノ | 5 | 3 | 1 | 0 | 48 | 6 | 27 | 74 | 27 | 30 | 3 |
| オーリン | 19 | 17 | 25 | 13 | 22 | 37 | 8 | 17 | 10 | 21 | 16 |
| スワロー | 5 | 1 | 0 | 2 | 18 | 1 | 43 | 69 | 26 | 27 | 2 |
| ケスレー | 47 | 19 | 12 | 1 | 17 | 2 | 2 | 14 | 11 | 44 | 14 |
| エラン | 36 | 8 | 13 | 2 | 7 | 11 | 0 | 10 | 12 | 36 | 8 |
| フォルクル | 32 | 7 | 10 | 1 | 4 | 0 | 0 | 11 | 8 | 28 | 8 |

の二乗和を $n=16$ で割った値が，この表の固有値に一致する（76ページの④式参照）．

表3.2の主成分係数に基づいて，第1主成分・第2主成分を組み合わせた空間に10個のイメージ変数をプロットしたのが図3.3，同様に16ブランドの主成分スコアをプロットしたのが図3.4である．前者を**イメージ空間**，後者を**ブランド空間**と呼ぶこともある．この2つのグラフの縦横の座標は方向として同じ次元を表すものである．

図3.3と図3.4を見比べることにより，一般的なスキー

**表 3.2 主成分分析のアウトプット**

主成分係数

| 変数名 | 第1主成分 | 第2主成分 |
|---|---|---|
| プロっぽい | 0.106 | −0.480 |
| カッコいい | 0.114 | −0.186 |
| 好き | 0.261 | −0.083 |
| かわいい | 0.117 | 0.060 |
| 一般的 | 0.409 | 0.473 |
| ミーハー | 0.693 | 0.194 |
| 初心者 | −0.079 | 0.406 |
| ダサイ | −0.417 | 0.525 |
| 嫌い | −0.132 | 0.106 |
| わからない | −0.221 | −0.106 |

主成分スコア

| スキーブランド | 第1主成分 | 第2主成分 |
|---|---|---|
| ロシニョール | 90.173 | 22.132 |
| ヤマハ | 48.955 | 37.426 |
| オガサカ | −4.665 | −13.055 |
| カザマ | −21.173 | 16.247 |
| アトミック | 25.973 | −19.362 |
| ニシザワ | −27.363 | −6.450 |
| クナイスル | −10.997 | −1.970 |
| K2 | 17.442 | −21.665 |
| フィッシャー | −7.401 | −16.618 |
| ブリザード | −0.754 | −21.236 |
| ミズノ | −34.275 | 56.535 |
| オーリン | 16.115 | 1.463 |
| スワロー | −48.656 | 46.032 |
| ケスレー | −14.505 | −27.734 |
| エラン | −10.943 | −25.366 |
| フォルクル | −17.926 | −26.379 |
| 固有値 | 1084.7 | 710.5 |
| 寄与率(%) | 49.5 | 32.4 |
| 累積寄与率(%) | 49.5 | 81.9 |

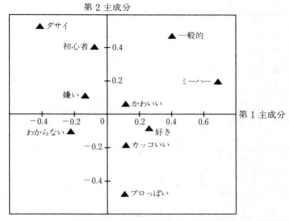

**図3.3** イメージ変数の主成分係数

板ブランドはヤマハ，初心者向けのスワロー，わからない（知られていない）フォルクル，プロっぽくカッコいい K2 というように，各ブランドのイメージ上の特性が簡単にわかる．表3.1を眺めているよりも，はるかにブランド相互の関係が把握しやすくなったと思う．ただし，ここで示した分析結果は一部の大学生の調査結果にすぎないから，一般化して受け取ってはならない．あくまでも，情報の集約という主成分分析の機能を説明するための数値例に過ぎない．

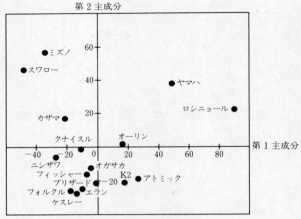

図 3.4 スキー・ブランドの主成分スコア

## 3.3 主成分分析はこう使う

主成分分析と因子分析の使い分けについては 4.4 節で述べよう.ここでは主成分分析の利用上のオプションについてまとめる.

### (1) 分析データを規準化するか?

データの規準化は普通コンピュータまかせであるため,この選択にどれほどの意味があるのか,ユーザーは気にもとめないことが多い.次のように判断したらよいと思う.

> イ)　分析する変数の度量衡がまちまちの場合
> 　　（円，トン，人数，m，坪など測定単位が混在したケース）
> 　　　　→データを平均0，分散1に規準化して比較できるようにしたい
> 　　　　→相関係数を分析する，というオプションを選ぶ
>
> ロ)　分析変数が，すべて同一次元，同一単位の量である場合
> 　　（たとえばすべて円単位の金額だとか，すべてグラム単位の重量）
> 　　　　→データの大小は変数間でも比較できる．データの分散自体にも重要な情報があると思われる
> 　　　　→分散共分散行列を分析する，というオプションを選ぶ

　前節のスキーブランドのマップのようにロ）を選んだ場合は，各変数の分散の情報がはじめの方の主成分に現れることが多い．そうした場合，そのような主成分をサイズ（スケール）・ファクターと呼ぶことがある．後の方の主成分には共分散の情報が出てくることになる．イ）の場合は規準化されているので分散の情報はどの主成分にも出てこない．ただの「相関行列」か「分散共分散行列」かという選択に過ぎないようだが，解の意味が違ってくることに気

をつけなければならない．なお因子分析の場合は，常に相関行列を分析データにするので，ここで述べたような選択事態は起こらない．

## (2) 累積寄与率とは何か？

表3.2のアウトプットを見ると，累積寄与率という意味不明の数値が出ている．これは1番目から$r$番目までの主成分によって，原データの情報全体の何パーセントまでが説明できるかという比率を意味しているので，主成分の打ち切りに利用することができる．「打ち切り」というのは，主成分全体のうち，何番目までを分析結果として採用するかという判定を指している．

寄与率の大きさは，主成分分析でアウトプットされる$\lambda$（$\lambda$はギリシャ文字で「ラムダ」と読む）という推定値の値で評価される．$\lambda$を**固有値**（eigenvalue）と書いて出力するプログラムもあるが，どちらで書こうとユーザーには何のことだかわからないのが普通だ．固有値は実は主成分スコアの分散を意味しているのである．

$$\lambda = \frac{1}{n}(\boldsymbol{f}, \boldsymbol{f}) \quad \cdots\cdots ④$$

固有値などというよりも実際に意味している内容の方を表記した方が親切というものではないだろうか？プログラム開発者のセンスを疑う．

さて，第$r$主成分までの累積寄与率$C_r$（cumulative contribution rate）の計算法は次の通りである．ここで$p$

は分析変数の数を指す.

$$C_r = \frac{\sum_{k=1}^{r} \lambda_k}{\sum_{k=1}^{p} \lambda_k} \times 100 \qquad \cdots\cdots ⑤$$

ところで,この累積寄与率は,大きいなら大きいなりに,小さいなら小さいなりに,それぞれユーザーの悩みのタネになっているようだ.

**①累積寄与率が大きい場合**

これは,変数相互の共分散(あるいは相関係数)がみな高い場合に生じる.ところで,寄与率が大きかったところで何も悪いことではなかろう.なぜなら,それこそが主成分分析の利用目的だからである.もしどうしても少数の主成分への寄与率の集中を緩和したければ,新たに変数を加えるとか,逆に現在使っている変数の一部を削除する,といった対策をとって試行錯誤すればよい.

**②累積寄与率がなかなか大きくならない場合**

これは扱っている問題の構造が複雑だということを意味しており,それがわかっただけでも分析に意味がある.どうしても累積寄与率が大きくないと気に入らない,というのであれば,分析変数を似た者同士のサブ・グループに分けてそれぞれのグループごとに主成分分析をすればよい.分析変数が似ているかどうかは図3.3のように主成分係数を空間にプロットして視察するなり,第5章のクラスター分析を利用すれば判断できる.

86ページの性質(4)から明らかなように,⑤式の分母は

原データの分散の合計に等しい. そこで, $C_r$ による打ち切り基準をあらかじめ 80% などと定めておけば主成分の打ち切り数 $r$ が, 個々の分析ケースで決定できる.

ところが, この打ち切り基準そのものがあいまいなのだ. そもそも, この 80% という数字はどこから出てきたのかといえば, 単なる社会的な約束ごとであって, 各方面のユーザーの長年にわたる了解事項に過ぎないのである.

多変量解析には, このようにユーザーの間の極めて人間臭い取り決めに使い方を委ねてしまう, という側面がよく現れる. しかし, ではどの組織と法律に基づいて, 80% という打ち切り基準が制定されたんだ, 責任者は誰なんだ, と問い詰められても困る. 決まっているような決まっていないような, あいまいな約束ごとなんですよ, とノラリクラリと逃げるしかないのである.

もしユーザーが 80% では嫌だから 93% にしたい, と言われるなら, どうぞご自由にというしかない. ただ統計学でハッキリいえるのは, 累積寄与率の打ち切り基準を 100% にしたら, 主成分の数は分析変数の $p$ 個に (たいてい) 一致しますよ, ということだけである. 50 個の変数を主成分分析にかけて, 50 個の主成分を求めたというのでは, そもそも少数の指標に情報を集約したい, という当初の趣旨に反するのではないか?

つまり, 細かな事には目くじらをたてず情報集約を図ろうじゃないか, というアバウトな話なのだ. 累積寄与率はそのアバウトさ加減の指標といってよい.

## (3) 主成分は互いに無関係である

主成分係数の大きさは，その変数の主成分への影響力を表すと考えることができる．

各主成分の解釈は，主成分係数（これはたいてい固有ベクトル：eigenvector という名称でアウトプットされることが多い）の絶対値が高い変数が何かから読みとる．この固有ベクトルを図3.3のように平面にプロットしてグラフ化すると主成分の解釈がしやすくなる．最近の気の利いたソフトは，勝手に綺麗なグラフを描いてくれる．

たとえば，ある主成分の係数が，識字率，就学率，教師比率の変数で正の値で高ければ，この主成分は「教育水準」と解釈することができるかもしれない．

本章末に付記する，主成分の性質 (3) から，主成分は互いに直交している．直交というのは幾何学的にいうと軸と軸が垂直に交わっている状態を指している．3次元空間でいえば，縦・横・高さという3方向は直交している．

したがって主成分には因子分析のように斜交した解（相関のある解）はあり得ないし，図3.2のように主成分スコアの分散の最大化によって軸の方向も確定するから，座標軸の回転などという操作も入らない．主成分には回転に関する自由度がないにもかかわらず，世の中には主成分を回転するユーザーもいる．これはまったくの誤りである．

主成分の意味は，必ず解釈しなければならないとはいえないが，もしどうしても解釈するとしたら，主成分が直交している，という前記の性質は念頭においておくべきだろ

う．第1主成分が重さを表す主成分で，第2主成分は軽さを表す主成分だ，といった解釈を時々目にするが，これはナンセンスだ．もし第1主成分のプラス方向が「重い」ことを表すとしたら，第1主成分のマイナス方向が「軽い」ことを表すからだ．したがって第2主成分は第1主成分とはまったく関係のない主成分として解釈しなければならない．

## (4) 解の独立性

「第3主成分までアウトプットしてしまったんですが，はじめの2つだけを利用してもいいんでしょうか？」という質問を受けることがある．

このユーザーが心配しているのは，今のケースの第1，第2次元の解は，主成分をはじめから2番目までで打ち切ったときの解と等しいのか，それとももう一度分析をやり直さなければならないのか？ ということである．

答えをいうと，分析をやり直す必要はない．主成分というのはトウフにサイの目を入れるように，互いに独立して解が得られるからである．

表3.3に，表3.1の分析データで$r=3$の場合と$r=2$の場合の解を示した．

一見当たり前そうな性質に思われただろうが，必ずしもそうでもないのだ．

● 因子分析などは回転が入るために，3因子空間で回転した場合と2因子空間で回転した場合では，回転後の因子

**表3.3** 主成分分析の解は抽出数に依存しない

イ）第3主成分まで抽出した時の主成分係数

| 変数名 | 第1主成分 | 第2主成分 | 第3主成分 |
|---|---|---|---|
| プロっぽい | 0.106 | −0.480 | 0.767 |
| カッコいい | 0.114 | −0.186 | 0.048 |
| 好き | 0.261 | −0.083 | 0.031 |
| かわいい | 0.117 | 0.060 | −0.116 |
| 一般的 | 0.409 | 0.473 | 0.371 |
| ミーハー | 0.693 | 0.194 | −0.179 |
| 初心者 | −0.079 | 0.406 | 0.090 |
| ダサイ | −0.417 | 0.525 | 0.297 |
| 嫌い | −0.132 | 0.106 | 0.259 |
| わからない | −0.221 | −0.106 | −0.252 |

ロ）第2主成分まで抽出した時の主成分係数

| 変数名 | 第1主成分 | 第2主成分 |
|---|---|---|
| プロっぽい | 0.106 | −0.480 |
| カッコいい | 0.114 | −0.186 |
| 好き | 0.261 | −0.083 |
| かわいい | 0.117 | 0.060 |
| 一般的 | 0.409 | 0.473 |
| ミーハー | 0.693 | 0.194 |
| 初心者 | −0.079 | 0.406 |
| ダサイ | −0.417 | 0.525 |
| 嫌い | −0.132 | 0.106 |
| わからない | −0.221 | −0.106 |

負荷量は両者で共通する第1, 第2因子に関しても一致しない.
- MDS（多次元尺度構成法）でも, 3次元解の1, 2次元空間布置は, 2次元解のそれと一致しない（MDSCALというモデルの場合）.

それに比べて主成分分析は, 次元数の指定に関して, ロバストネス（頑健性）がある, という評価ができよう.

## 3.4 カテゴリー・データの処理

ここではカテゴリー・データのとり扱いを論じよう. 多変量解析は0-1の値をとるダミー変数を適用することによって, 処理可能なデータの範囲を拡大してきた. その一例がいわゆる林の数量化理論Ⅰ・Ⅱ類で, それぞれ前者は重回帰分析, 後者は判別分析にダミー変数を適用したものである. 基準変数が3群以上なら重判別分析という.

当然ながら, このような利用方法を押し広げて, ほかの多変量解析でも0-1データが扱えないだろうか, という推察ができよう.

次に示す0-1データへの主成分分析の適用は, まだ馴染みの薄いものである. 抗生物質は現在, 1000種類以上のものが発見されているが, 薬効に汎用性のあるものが多く, 一種類の抗生物質で何種類もの病気を治すことができる.

その一部を整理したのが表3.4で, 表中の数字1は「効くこと」, 0は「効かないこと」を意味している. このダミ

表3.4 薬効一覧　出所：朝野（1977）

| 抗生物質<br>病原体 | ペニシリン | ストレプトマイシント | クロロマイセチン | オーレオマイシン |
|---|---|---|---|---|
| 破傷風菌 | 1 | 0 | 0 | 0 |
| ツツガムシ病 | 0 | 0 | 1 | 1 |
| 結核菌 | 0 | 1 | 0 | 0 |
| 梅毒 | 1 | 0 | 1 | 1 |
| リン菌 | 1 | 1 | 1 | 1 |
| ハシカ | 0 | 0 | 0 | 0 |
| 大腸菌 | 0 | 1 | 1 | 1 |

1：効く
0：効かない

一変数データ行列をそのまま主成分分析にかけて，抗生物質の分析を行った．主成分分析によって得られた第1, 2次元空間布置は，図3.5の通りである．この図を眺めれば，クロロマイセチンとオーレオマイシンが似た者同士であること，ストレプトマイシンとペニシリンはある面では似ているが違った薬効もある，といったことがわかる．

実際，クロロマイセチンとオーレオマイシンはともにリケッチア（ツツガムシ病原体）やグラム陰性菌に効く広範囲抗生物質であり，その点でストレプトマイシンやペニシリンとは異なる．また，ストレプトマイシンは大腸菌に効くがペニシリンは効かない．

このような分類は薬学の専門家から見れば当たり前のことであるから，主成分分析をしたからといって何ら知識が増える訳ではない．しかし薬学上の知識がいっさいない人間でも表3.4のデータさえ与えられれば，図3.5のような

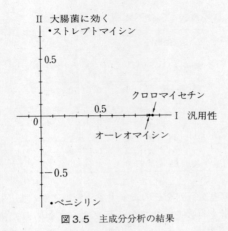

図3.5 主成分分析の結果

分類上有用な情報が導ける,ということに意味があろう.つまり,マーケターが未知の分野について研究していく場合,0-1データしか利用できない時でも,主成分分析によって情報を整理したり,あるいは現象を体系的に理解するための手がかりが得られることを示唆しているのである.

## 付　記

本章3節で述べた,主成分分析の使い方について,その根拠も知りたければ,主成分分析に関する数学的性質を多少とも知っておいたほうがよい.

参考までに主成分についての4つの性質をあげておく.

ただしそれらの証明ができることが、主成分分析を上手に利用するために必要だとは思えないので、証明は省いた.

### 主成分についての4つの性質

すでに出てきた①〜⑤式の記号を使って紹介しよう.

**(1) 主成分係数は互いに直交している.**

第 $k$, 第 $l$ 固有値を $\lambda_k, \lambda_l \, (k \neq l)$ とし、それぞれに対応する主成分係数ベクトルを $\boldsymbol{w}_k, \boldsymbol{w}_l$ とすると,

$$(\boldsymbol{w}_k, \boldsymbol{w}_l) = 0$$

③もあわせて考え、$\boldsymbol{W} = [\boldsymbol{w}_1 \, \boldsymbol{w}_2 \cdots \boldsymbol{w}_k \cdots \boldsymbol{w}_p]$ とまとめて表すと,

$$\boldsymbol{W}'\boldsymbol{W} = \boldsymbol{I} \quad \cdots\cdots ⑥$$

ここで $\boldsymbol{I}$ は次のような $p$ 次の対角行列であってこれを**単位行列**と呼ぶ.

$$\boldsymbol{I} = \begin{bmatrix} 1 & & & 0 \\ & 1 & & \\ & & \ddots & \\ & & & 1 \\ 0 & & & 1 \end{bmatrix}$$

**(2) 主成分スコアの平均は 0 である.**

**(3) 主成分スコアは互いに直交している. また第 $k$ 主成分スコアの分散は, 固有値 $\lambda_k$ に等しい.**

つまり固有値が $\lambda_1 > \lambda_2 > \cdots > \lambda_k > \cdots > \lambda_p \geqq 0$ の順に並んでいるとして,

$$\mathbf{\Lambda} = \begin{bmatrix} \lambda_1 & & & 0 \\ & \lambda_2 & & \\ & & \lambda_k & \\ 0 & & & \lambda_p \end{bmatrix}$$

という**対角行列**を使えば，次のように簡単な関係が導かれる．$p$ 組の主成分スコアをまとめて行列 $\mathbf{F}$ で表して，

$$\frac{1}{n}\mathbf{F}'\mathbf{F} = \mathbf{\Lambda} \qquad \cdots\cdots ⑦$$

$\lambda_k = \dfrac{1}{n}(\mathbf{f}_k, \mathbf{f}_k)$ であるから固有値はすべて非負である．マイナスの分散など考えられないから，これは当然であろう．

**(4) 主成分スコアの分散の和は，分析データの分散の和に等しい**．トレース（付録参照）を使って書けば

$$\mathrm{tr}\left(\frac{1}{n}\mathbf{F}'\mathbf{F}\right) = \mathrm{tr}(\mathbf{C}_{XX}) \qquad \cdots\cdots ⑧$$

## 第4章 因子分析──隠された構造を可視化する

　因子分析は，第3章の主成分分析とは似て非なるものである．とはいえ，どこが「非」なのかを理解することは，なかなか難しい．

　産業界における因子分析の利用度は極めて高く，利用頻度は多変量解析全体の3割くらいを占めているのではないか，と思われる．

　本章では，因子分析の適用例を通して，その人気の秘密を探ってゆこう．

●因子分析はゴチャゴチャした変数の背後に潜む潜在的な次元を発見するための方法である
●数量的な変数を整理したいときに役立つ
●消費者のライフ・スタイルやブランド・イメージの分析，人々の意識や態度の分析によく利用されている

## 4.1 イメージを測定する

元来,因子分析は人間の知能を測定する手段として,20世紀初頭に心理学から生まれた方法である.その後,1960年代以降,**SD法**という研究手法の一環として因子分析が盛んに利用されるようになった.SD法というのはセマンティック・ディファレンシャル・メソッド(Semantic Differential Method)の略称で,意味微分法などというわけのわからない訳語も出てきたが,今日ではSD法という呼び方で一般化している.

- まず,互いに関係があると予想される調査項目を作成して,データを集める。

  ① 仮説の設定
  ② 評定尺度の決定
  ③ 測定(調査)
  ④ 分析変数の選択*

  *(欠測データが多かったり反応が偏った変数は除外する。)

  ⇩

- いくつもの変数を総合的に分析する。

  ⑤ 相関行列の計算
  ⑥ 因子数の決定
  ⑦ 因子負荷量の推定
  ⑧ 因子軸の回転
  ⑨ 因子得点の推定†

  †**因子得点**をもとに似た者どうしをまとめれば,マーケット・セグメンテーションができる。

図 4.1  因子分析の手順

A 社は次のイメージにどう当てはまると思いますか。
1〜7の番号のどれかに○印をつけて下さい。

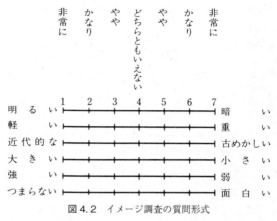

図4.2 イメージ調査の質問形式

因子分析で標準的に用いられている手順を図4.1に示そう．

図4.2はSD法で企業イメージを測定するための質問文の例を示している．このように「明るい」―「暗い」といった何組かの形容詞対を用意して，ふつう7段階の評定尺度に対して回答を求める．尺度の左右に正反対の形容詞がくるのでこれを両極尺度と呼んでいる．なお尺度の段階数は，7段階とは限らず5段階または9段階を使うこともある．左右対称の尺度にするため，奇数の段階を使うのが一般的である．

さて，図4.2のような質問をA社だけでなく，B社，C

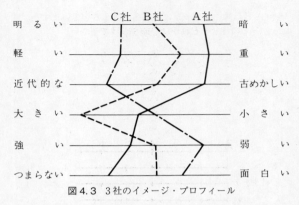

図 4.3 3社のイメージ・プロフィール

社, …についても聞いて, 回答データの平均値を求めて, それを折れ線図で描いて各社を比較したのが図 4.3 である. このような図を SD グラフとかイメージ・プロフィールとかスネークチャートなどと呼ぶ. やかましくいえば, このような数的処理が許される前提として, ①尺度の1次元性, ②等間隔性を仮定していることになる. ①は, SD の尺度が物差しのように真直ぐかどうか?, 「つまらない」という形容詞の対極にくるのは「面白い」だろうか, もし「楽しい」としたら結果が違ってきはしないだろうか? という問題である.

②は段階の幅がすべて等しいのだろうか? という疑問である.「非常に面白い」と「かなり面白い」の心理的な差は「やや面白い」と「どちらともいえない」との差と等しいと言いきれるのだろうか.

①②とも，個々の分析事態でさえ実証することが難しい問題で，一般的な立証などできるはずがない．一応①，②の性質が成り立つと仮定して，割り切って分析するしかないのが実情である．

実務上は，図4.3を眺めているだけでも，各社の特徴が理解できるが，企業の数と尺度の数がもっと増えてくると，グラフがゴチャゴチャしてきて，比較しづらくなる．しかも，SDグラフは，各尺度がそれぞれ別のイメージを測っているという，③尺度の独立性を暗黙のうちに仮定している．しかし，「重い」と「大きい」のイメージはオーバーラップしているかもしれない．イメージ・プロフィールに，冗長な情報が含まれているとしたら，グラフの読み手をミス・リードする危険性があろう．

そこで③の問題の対策としてSD法による平均値データ行列を因子分析にかけることがよく行われている．因子分析のアウトプット例を図4.4に示す．相互に相関があったイメージ・プロフィールを直交した因子空間に変換することによって，情報の集約・整理を図ったのである．もちろん，このような解析自体がすでに指摘した尺度の1次元性と等間隔性を前提としていることはいうまでもない．

図4.4の方が図4.3のようなイメージ・プロフィールよりも各社のポジションがスッキリわかりやすくなる．イメージ尺度項目もこの2次元空間にプロットできるので，横座標，縦座標の意味がそれを手がかりに解釈できることも有難い．

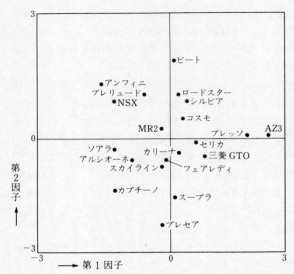

**図 4.4** 国産スペシャルティーカー 20 車種の因子空間

この座標のことを因子分析では「因子」と呼んでいる.その他,「軸」と呼ぶ流儀もあれば,数学的に「次元」と呼ぶこともある.誤解さえなければ,どう呼んでもかまわないと思う.

このように,因子分析は多変量データの情報を少数の因子で表現して,問題を整理するのに役立つ.因子空間に位置づけられるモノは,国,地域,施設,ブランド,政治家やタレント(それにタレント政治家)など,分析目的に応じて何でもよい.極めて幅広く因子分析が利用できそうな

気がしてくるではないか？

## 4.2 因子分析はこう読む

因子分析の手順は図 4.1 に示した通りで，アウトプットがいろいろあってわずらわしい．

しかし，心配することはない．アウトプットの見るべきポイントはそう多くない．まず具体的に図 4.5 の質問文を用い，200 人の主婦にこの 8 項目の質問をしたとしよう．回答データ行列は図 4.6 のような形式になる．そしてこのデータを**主因子解法**で分析して図 4.7 の**因子負荷量**が出て

---

問 あなたの日頃の生活や買物についての考え方をおたずねします．以下の ①〜⑧ の項目が，あなた自身にあてはまるかどうかを判断して，「1. そうでない」「2. どちらかといえばそうでない」「3. どちらともいえない」「4. どちらかといえばそうである」「5. そうである」のいずれかの番号を（　）内に記入して下さい．

① 計画的にお金を使っているほうである．（　）
② 少額の商品でも，何軒か店をまわって少しでも安いものを探す．（　）
③ 毎日，朝昼晩にきちんと食べるようにしている．（　）
④ 栄養のバランスには気をつけている．（　）
⑤ いつも買っている銘柄はなかなかほかの銘柄に変えにくい．（　）
⑥ 食料品の買物をするなら何かほかのことをしたい．（　）
⑦ 食料品や雑貨の買物は面倒である．（　）
⑧ 自分で材料を買って料理をするほうである．（　）

---

図 4.5　買物態度についての質問文

きたとしよう．主因子解法というのは，汎用ソフトには標準的に含まれている方法で，最もよく利用されている解法である．また因子負荷量とは何かは次項を読んでもらいたい．

## (1) 因子負荷行列の読み方

- 主因子解法から得られる因子負荷量は各項目と各因子との相関係数 $r$ を意味する．したがって，最大が1，最小がマイナス1の間の値をとる（$-1 \leq r \leq 1$）．ゼロならその調査項目と因子との直線的な関係はない，ということを意味する．
- 列の二乗和は，因子負荷量が全体として0からどれだけ離れているかを表す．たとえば第1因子の因子負荷量ベクトルを $\boldsymbol{a}_1$ とすれば，その要素の二乗和はまさに $\boldsymbol{a}_1$ の内積 $(\boldsymbol{a}_1, \boldsymbol{a}_1)$ にほかならない．ここでもベクトルの内積が出てくるのだ．たいていの因子分析のプログラムでは，この二乗和 $(\boldsymbol{a}_1, \boldsymbol{a}_1)$ のことを，「固有値」とか eigenvalue などと書いてプリントしている．こういう表示ではユーザーには何の意味だかサッパリわからないだろう．

固有値が因子負荷量の大きさを表す概念であることがわかれば，固有値が大きい方がいいのか小さい方がいいのかも明らかになろう．もちろん大きい方がいいのである．反対に，固有値がどんなに小さくなったところでマイナスになるはずがない．なぜなら，どんな実数も二乗すれば非負

| 対象者 | 評定法の回答 | | | | | | | |
|---|---|---|---|---|---|---|---|---|
| 番号 | ① | ② | ③ | ④ | ⑤ | ⑥ | ⑦ | ⑧ |
| 1 | 3 | 2 | 5 | 5 | 3 | 4 | 3 | 3 |
| 2 | 4 | 5 | 1 | 3 | 4 | 5 | 5 | 2 |
| 3 | 3 | 3 | 4 | 5 | 3 | 2 | 2 | 2 |
| 4 | 1 | 1 | 1 | 1 | 1 | 1 | 2 | 3 |
| 5 | 2 | 4 | 3 | 2 | 4 | 4 | 2 | 1 |
| ⋮ | ⋮ | | | | | | | |
| 198 | 5 | 5 | 4 | 5 | 5 | 5 | 1 | 1 |
| 199 | 1 | 1 | 4 | 5 | 4 | 1 | 5 | 3 |
| 200 | 3 | 1 | 2 | 1 | 5 | 5 | 3 | 1 |

図 4.6　買物態度の評定結果

|  | 第1因子 | 第2因子 |
|---|---|---|
| 項目① | 0.665 | −0.052 |
| 項目② | 0.732 | 0.002 |
| 項目③ | 0.570 | −0.183 |
| 項目④ | 0.476 | −0.197 |
| 項目⑤ | 0.573 | 0.164 |
| 項目⑥ | 0.162 | 0.801 |
| 項目⑦ | −0.093 | 0.813 |
| 項目⑧ | 0.354 | −0.568 |
| 二乗和 | 2.018 | 1.727 |

図 4.7　因子負荷量

になるし，その合計も当然負にはならないからである．もしマイナスが出たら，それはあなたが悪いのではなく，利用したプログラムの方が間違っているのだ．

- 図4.7の行の二乗和は各変数の**共通性**を意味している．項目①については，$0.665^2+(-0.052)^2=0.445$ が共通性になる．図4.7から全変数についての共通性の総和が因子負荷量の二乗和の，全因子についての合計と一致することがわかるだろうか？ ではそもそも共通性とは何かというと，個々の変数のもっている情報のどれだけが因子空間で説明できるか，という比率を表している．項目①は，44%だけ説明でき，残りは説明できなかったことがわかる．図4.8はこのへんの事情を説明したものである．各変数の分散が1である理由は，因子分析では分析変数 $x$ をあらかじめ規準化するため $\frac{1}{n}(x,x)=1$ となるからである（29ページ参照）．

たいていのユーザーは，共通性とか communality といった，意味不明のアウトプットが出てくると無視して読み飛ばしてしまう．しかし，共通性というのは結構使いでの

$$\text{原情報} = \boxed{\begin{array}{c}\text{モデルで}\\\text{わかること}\end{array}} + \boxed{\begin{array}{c}\text{わからな}\\\text{いこと}\end{array}}$$

各変数の分散＝　　共通性　　＋独自（特殊）性
　　　　　　　　communality　　uniqueness
　　1　　＝　　　　$h^2$　　　　＋　　　$u^2$

図4.8　因子分析の分解

ある指標なのだ．たとえば，ラーメンの味に対する評価項目の中に，突然PKO活動に対する賛否などという項目を1問加えたとしよう．おそらくこのPKOの共通性は小さくなるだろう．つまり，共通性は各変数がほかの変数とくらべて，どれくらい浮き上がっているのか（ユニークなのか），それとも因子空間内にうまく収まっている変数なのかを数値で診断してくれるのだ．だから，何回か継続調査をするとしたら，最新の調査では共通性が0に近い変数をカットしても，因子空間にさほど影響を及ぼさないはずだ．共通性は質問項目のスクリーニングに役立つ指標なのである．

## (2) 因子数の打ち切り基準

因子分析の発想からして，現象の背景に潜む基本的な因子は，そう多くはなかろう，と期待している．図4.5の例でも，8つの質問項目を因子分析して8つの因子が抽出されたというのでは，基本的な因子のありがたみもなくなるではないか．

そこで，第3因子，第4因子，…とダラダラとアウトプットされてしまうのを何とかして打ち切ることが必要になってくる．

実務的には次の基準を設けて因子を打ち切ることが多い．

> ①固有値が 1.0 以上
> ②累積寄与率が 80% 以上

　固有値はすでに述べた通り，主因子解法の場合には因子負荷行列の列の二乗和である．仮にある因子と第 3 項目の負荷量が 1 でほかの項目との負荷量がすべて 0 だとしよう．このとき，$(\boldsymbol{a}, \boldsymbol{a}) = 0^2+0^2+1^2+0^2+0^2+0^2+0^2+0^2 = 1$ だから，この因子は 1 変数の情報を荷うだけで，固有値が 1 になってしまう．したがって①の基準は，1 つの因子はもとの質問のせめて 1 項目分の情報くらいはもっていてほしい，という願望を表しているのである．

　一方，②の方は，分析変数の数を $p$，第 $k$ 因子の固有値を $\lambda_k$ とすると，$C_k = \left(\lambda_k \middle/ \sum_{k=1}^{p} \lambda_k\right) \times 100$ で各因子の寄与率 $C_k$ を求め，それを第 1 因子から順次積み上げていった累積パーセントをさしている．ここで寄与率は因子負荷量の二乗和を $p$ 因子までの共通性の総和で割って求めていることに注意してもらいたい．因子空間で説明できる情報を 100% としてそれを完璧に採用しようとすると因子数が増えすぎるので，8 割まででカットしよう，というのが②の方針である．なぜ 80% なのか？ 72% や 86% ではなぜいけないのか？ などと問い詰められても理論的根拠はございません，というしかない．あくまでも経験則だと理解していただきたい．

　ところで，基準①にしろ基準②にしろ，データを実際に因子分析にかけた後でなければ，因子数の見当がつかない

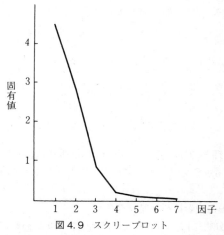

**図 4.9** スクリープロット

のが難点である．固有値がどのような落ち具合をするかは，分析対象の相関行列によるわけだから，分析前にはわからないのである．図 4.9 は固有値の推移を折れ線グラフにしたもので，これを**スクリープロット**（scree plot）と呼んでいる（scree は，がれ場の意味でうまい表現である）．固有値を大きい順にプロットしてガタッと値が落ち込む 1 つ手前で因子を打ち切ろう，というわけだ．しかし，ダラダラ下がっていったとすると，この基準でもうまく打ち切り判断ができないこともある．

幸い芝（1981）が，分析変数の数に応じた適切な因子数を表 4.1 のように発表しているので，これを参考にして因子数を指定して分析することも考えられる．もっとも，因

**表 4.1** 分析変数の数と適切な因子数　出所：芝（1981）

| 変数の数 | 因子数 |
|---|---|
| 8〜13 | 2 |
| 14〜18 | 3 |
| 19〜25 | 4 |
| 26〜31 | 5 |
| 32〜38 | 6 |
| 39〜46 | 7 |
| 47〜53 | 8 |

子数の打ち切り方をユーザーが思い通りに指定できるかは，利用するソフトウェアによっても異なるのであるが．

## (3) 軸の回転はバリマックス

因子分析には，因子を一意に確定できず，回転に関する自由度がある．回転というのは座標軸を回してみる，とい

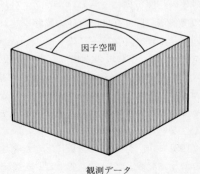

観測データ
図 4.10　因子の回転のイメージ

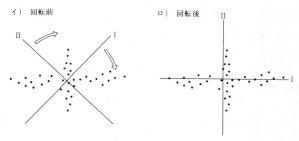

図 4.11　よい回転とは

うことであって，そのイメージは図 4.10 を見て納得してもらいたい．

この図で外側のマスは観測データを表していて，これは固定的である．しかしマスの中ではピンポン球はくるくると自由に回転できる．このピンポン球が因子空間だと思ってもらいたい．

では，どのように因子を回転したらよいかというと，図 4.11 イ) のような因子負荷量のプロットなら図 4.11 ロ) のように回転すれば，因子と各変数との結びつきがはっきりして解釈もしやすくなるだろう．このような旗幟鮮明な構造を**単純構造**（simple structure）と呼んでいる．JMP というソフトを使えば目で見ながら手探りで回転することができる．

人間が手探りで回転するのではなく，計算によって自動的に軸を回転させる方法がいろいろ開発されているが，中でも**バリマックス回転**がポピュラーに使われている．図

4.11 イ) とロ) を見比べるとロ) の方が I 軸, II 軸のそれぞれの軸方法に座標値が伸びるため, 因子負荷量の分散（variance）が大きくなる. この分散を最大化しようというのがバリマックス回転であると思えばわかりやすい（正確にいえば因子負荷量の二乗の分散を最大化しているのだが……）. その他, 単純構造という観点からはプロマックス法という斜交回転が望ましいとされている〔柳井 (1994)〕.

## 4.3 SD 法の顛末

SD 法の顛末を振り返ることは, 因子分析の特徴と限界を理解する上で役に立つ. SD 法の提唱者はイリノイ大学のオズグッドという心理学者で, 彼は「概念（concept）の情緒的意味（affective meaning）は文化や言語の違いに影響されることなく, 共通している」と主張した. この普遍的な意味空間は次の3次元からなっている, というのがオズグッドの EPA 説である. 現代風にいえば, **認知空間**（cognitive space）の研究ということになろうか.

E) Evaluation—評価
P) Potency —力動性（潜在力とも訳す）
A) Activity —活動性

オズグッドらの提案は 1950 年代にはじまり, 1957 年には『意味の測定』という大部な著作にまとめられている.
この SD 法は理論的な意味でも, 実務的な意味でも世の

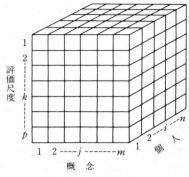

図 4.12 3相構造のデータ

中に大きなインパクトを与えた方法であった.

まず, 理論面でいうと個別領域に特化しつつあった当時の心理学では, これほど壮大な一般理論は久方ぶりで, 魅力的に受け取られた. 当然, オズグッドの理論に対する反響は大きく, 世界中の社会心理学者, 政治学者, 文化人類学者らが競って追試を行い, 社会科学は一時 SD ブームに沸いたものである. この当時の熱気はオズグッド (1962) 自身の展望からもうかがえる. もちろん図 4.12 に示すような個人×概念×評価尺度の3相構造から成るデータの分析結果は, 個人, 概念, 評価尺度の具体的な内容に依存することは当然である. したがって, オズグッドの主張が一般的に実証できるわけがなく, たまたま彼が自分の学生に調査したら, 前述の EPA 3因子が抽出できた, という以上のものではない.

にもかかわらず，オズグッドの3因子説が普遍的に成立するかのように誤解されたのは，次のような「実証」のカラクリによる．

①はじめから EPA 3因子だけが抽出できそうな変数群を分析者が用意する．

②それでも解釈しづらい因子が出てきたら，解釈しづらい因子に関連する変数をカットしてしまう．

③再分析すると，必ず EPA 3因子が抽出できて，「仮説は実証できました」と発表する．EPA という命名そのものが解釈にすぎないわけだから，「EPA だ」という強弁は必ず通るのである．……

というような①→②→③の検証プロセスを反復してきたからであろう．

いうまでもなく，このような論証はトートロジー（同義反復）であって，実証になっていない．仮説を否定することもできる調査が検証調査なのであって，必ず YES にできる調査では検証調査とはいえないのだ．最近は EPA 3因子の検証という研究テーマが減ってきたのは，さすがに研究者自身がこれまでの「我田引水」の論法に気づいたからではないかと思われる．

一方，ビジネスの世界では，これとは違った理由で SD 法が流行した．まず，流行した理由は，「明るい」―「暗い」といった形容詞対を用意することは，質問文を一問一問丹念に手作りしてゆくより，はるかに労せず簡単にできたためである．「労せず簡単」ということは，ビジネスの現場で

は応用上の必須条件である．次に SD 法が衰退した理由は，SD 法があまり簡便に利用できるためにかえって概念と評価尺度の数に歯止めがかからなくなって，質問量が増えすぎ，回答者がくたびれる程になってきたという，誠に単純な理由による．多変量解析といえども，人間の協力のもとにデータを獲得しようとするのであれば，人間の回答能力を無視しては応用が成り立たない．数多くの対象をそれぞれ数多くのスケールについて，5 段階や 7 段階で延々と回答してゆくのはひと苦労であるに違いない．こうした負担を避ける手段として，最近では SD 法に代わって，第 2 章のコレスポンデンス分析が利用されるようになってきたのである．

## 4.4　主成分分析との区別

　因子分析と主成分分析とはどう違うのか？　どう使い分けたらよいのか？　という疑問をもつユーザーが多い．同じデータをどちらの方法でも分析できるし，アウトプットの違いもわかりづらい．そのため，この 2 つの分析は似たような方法なんじゃなかろうか，と誤解されているようだ．結論をいうと

> 主成分分析と因子分析は，論理が正反対であって，両者は月とスッポン，白鳥とモグラくらいに大違いなのである．

図4.13 因子分析と主成分分析

そのわけは，図4.13を見れば明らかであろう．

つまり，因子分析は観測データを分解しているのに対して，主成分分析は観測データを積み上げているのである．前者が微分的だといえば，後者は積分的だといえよう．あるいは，地面の上か下か，という比喩なら因子分析の方がモグラ的だといえば納得できるだろうか．

因子分析の論理では，調査なり実験から得られた観測データ自体にはさほど関心をもたず，観測値の背後に潜んでいると思われる（因子）という仮設的な概念の方に関心をもつのである．なぜこうもややこしい理屈を考え出したのかというと，因子分析が人間の心的構造を探ろうとする心理学者の手によって生み出されたという出自に理由がある．たとえば，生徒たちに試験をしたらできのいい子はどの科目も成績がよかった，としよう．すると表面に現れた各科目の成績の背後には「一般的な知能因子」が存在しているのではないか，などと思案されるのである．さらにその知能因子は，「理数系能力」と「語学系能力」に分かれるのではないか，などといった研究が因子分析の先駆者たち

一方,主成分分析は $f = Xw$ という乗積モデルであるから,論理は単純明快である.要するに,多数の指標があるのはわずらわしいから,それを少数の合成指標に要約しちゃえ,という実務的なニーズに沿った方法なのである.

因子分析と主成分分析はどちらが難しいかというと,因子分析の方がはるかに難しく高度な問題を扱っている.このようなややこしく面倒な議論を嫌う人は,主成分分析を選ぶ傾向があるし,逆にややこしく面倒な議論を好む人は,因子分析を選ぶ傾向が強い.

ところで,コンピュータに入力するデータには違いがないとしても,コンピュータがバックグラウンドで行っている処理にはハッキリした違いがある.表4.2に対比してみた.

ユーザーにとってみれば,回転は因子分析と主成分分析を分ける大きな相違点である.回転のしようによっては因子の解釈が容易になる,というこれまた主観的な「解釈」があり得る.これも因子分析のファンにとっては,因子分析の醍醐味といえる.

表4.2 因子分析と主成分分析

|  | 因子分析 | 主成分分析 |
| --- | --- | --- |
| 入力データの変換 | 相関行列 | 分散共分散行列,相関行列 |
| 主な説明情報 | 変数間の相関 | 変数の分散,変数間の共分散 |
| 共通性 | 推定する | 共通性の概念なし |
| 回転 | する | しない |

一方主成分分析の方は，同一のデータであれば誰が分析しても同じ結果が出てくるので，分析の再現性という意味で価値がある．結局，この2つの分析法の使い分けは，分析者の性格ないし価値観によって決まるということになろう．時々，同じデータなのに，因子分析と主成分分析では違った結果が出たが，どちらが正しいんだろうか？と悩む人がいる．真実は「どちらも正しい」のである．

## 4.5　因子分析の泥沼

ユーザーにとってみれば，因子分析は次のような泥沼にはまりこみやすい，やっかいな方法である．

①そもそも解が不定
②SD法形式（評価対象×尺度）では質問量が増えすぎる
③因子分析による仮説検証は所詮トートロジー

もともと因子分析の問題そのものが高度なのだから，スッキリとした解決策などあるはずもないが，次のような救出作戦で①～③に対応したらどうだろうか．

①には……ともかくメジャーな解法に従う
②にはYESかNOかの質問形式にしてしまう
③には仮説どおりの結果が出たら当たり前と思え！

## 4.5 因子分析の泥沼

まず泥沼救出作戦の①であるが,同じデータであってもオプションの指定によって結果が異なる,というユーザーの悩みを避けようとするものである.因子分析の使い方をたとえば下記のように固定してしまって,誰もが共通の使い方に従うなら,ユーザー間の混乱は避けられる.もちろん理論的には何が一番正しいか,とか改善の余地はないのか,という問題は残る.そのような理論的な問題は,因子分析のメーカーの方でドンドン決着をつけた上で結論を公表してもらいたい.

---

因子分析の標準的な使い方
因子の抽出法……………主因子解法
共通性の初期値推定………SMC
因子の打ち切り……………累積寄与率が 80% 以上
回転法…………………バリマックス回転

---

SMC (squared multiple correlation) というのは何だか怖そうな用語だが,1つの変数と残りの変数の重なり具合を示す係数だと思えばよい.図 4.5 の例でいえば,質問項目①を残りの質問項目②〜⑧で重回帰分析したときの決定係数が項目①の SMC である.第6章の重回帰分析を読めば決定係数の意味はわかると思うので,ここでは話を先へ進めよう.

泥沼救出作戦の②は,図 4.14 のような質問文にして,簡略化したデータ収集法に改めればよい.

> 質問　次にあげる6つの銘柄それぞれについて，これから読みあげる項目に該当すると思われる場合は「ハイ」，そうでない場合は「イイエ」でお答え下さい．(「ハイ」の場合，○印)
>
> | | 品質がよい | 親しみのもてる | 信頼できる | 高級な | 伝統のある | しっかりした | 新鮮な |
> |---|---|---|---|---|---|---|---|
> | Aは→ | 1 | 2 | 3 | 4 | 5 | 6 | 7 |
> | Bは→ | 1 | 2 | 3 | 4 | 5 | 6 | |
> | Cは→ | 1 | 2 | 3 | 4 | | | |
> | Dは→ | 1 | 2 | | | | | |
> | Eは→ | 1 | | | | | | |
> | Fは→ | | | | | | | |

**図4.14　因子分析用の簡単な質問文例**

この場合，個人に関する情報は因子得点に現れない，という問題はあるが，ブランドイメージ空間を作るだけなら，これで十分である．

泥沼救出作戦の③は因子分析らしいトートロジーへのいましめと思えばよい．因子分析では，つい仮説が実証できたかのように思い込みがちであるが，むしろ仮説通りの結果が出たら，プラス情報が何もなかったと思わなければならない．明るい，陽気だ，クヨクヨしない，前向きだ…などと似たような変数を用意して因子分析しておいて，「明るさ因子」が発見されました，などといって何の意味があるというのだろうか．

はじめの言葉の多変量解析は，「発見性」が肝心である．あらかじめ予想された通りの分析結果が出たとしたら，そ

## 4.5 因子分析の泥沼

れでは何の発見にもならない.むしろ,思わざる結果が出た方が,「分析者の思い違い」が発見できた！ という意味で価値があるのだ.

なぜこの質問項目とこの質問項目が同じ因子に結びついてしまったのだろうか？ なぜ予想通りの因子が出てこなかったのだろうか？ と疑問をもって研究をスタートさせることに,因子分析の本来の価値がある.因子分析は研究のゴールではなく出発点なのだ.

因子分析は所詮はじめの言葉なのだから,手探り的に研究を進めるのは当たり前で,試行錯誤を許容するという大らかな精神をもって分析に当たるべきなのである.

## 第5章　クラスター分析
　　　——新しいセグメントを発見する

　ポジショニング分析と並んで，マーケティングで重要な地位を占めているのが，マーケットを分割して対応を考えるセグメンテーション分析である．なぜマーケット全体を相手にせず，そのサブ・グループを扱おうとするのかというと，市場の成熟化にその理由がある．現代の日本ではすでにあらかたの市場が飽和状態に入り，全国民が必要とする新製品など，これからは出現しそうもないと予想されるからである．

　したがって企業は，ターゲットを絞りこんで商品を開発し，そのターゲットに適したアプローチで，流通・販促・コミュニケーション活動を展開していかなければ，効率的な事業活動は行えない．このような市場認識によって，顧客をいくつかのセグメントに分割する手段としてクラスター分析が活躍しているのである．

- ●クラスター分析とは似た者集めの方法だ
- ●クラスター分析の結果のよし悪しは多変量解析の範囲だけでは判断できない

● クラスターに分けた後，サアどうするかが問題だ

## 5.1 クラスター分析はこう使う

マーケット・セグメンテーションの視点が，メークアップ化粧品の購入額であったとしよう．もし男女別に購入額を集計した結果，男性グループでは金額が低く，女性グループでは高かったとする．このとき，性別分類は立派なマーケット・セグメンテーション（市場細分化）になっているのである．この例を統計学的にいえば，メークアップ化粧品の購入額は男女ごとの級内分散は小さく，男女間の級間分散は大きい，ということになる．

しかし，どのような視点でマーケットをセグメントすればよいかが，あらかじめ明らかでない場合も多い．ここでクラスター分析の出番になるのだ．

ごく一般的なクラスター分析の手順を図5.1に示す．

ここでステップ①と②は，分析変数を集約して「データの次元を縮小」し，かつ直交化した空間に，回答者や分析変数を位置づけるために行う．ここまでは，因子分析と同じプロセスである．

これまでクラスター分析を行うときは，まず因子分析を行い，そこで得られた因子得点をクラスター分析にかけることが多かった．そのため，因子得点をクラスター分析することがすなわちセグメンテーション分析である，と誤解

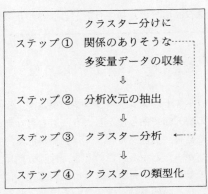

図5.1 クラスター分析の手順

する人もいるくらいである.

本当は,多変量データの集約なら,コレスポンデンス分析,数量化理論Ⅲ類,主成分分析,その他の方法でもできるので,必ずしも因子分析の専売特許というわけではない.また①→③に直接進んで分析するバイパスもないわけではない.ただし,その場合は原データに含まれる相関関係に配慮しながらクラスター分析を進めなければならないので,ただでさえ複雑なクラスター分析が一層複雑になる.

また,セグメントする対象は必ずしも消費者とは限らず,企業やブランドの場合もあれば,建物とか製品とか市区町村の場合もある.さらに,多変量データ行列の列の要素である測定変数の方をクラスター分析することも意味が

表 5.1 クラスター分析で指定すること

| (1) | 分類の対象はデータ行列の | □モノ（行を） □変数（列を） |
|---|---|---|
| (2) | 分類の形式 | □階層的方法<br>□非階層的方法 |
| (3) | 対象間の距離 | □ユークリッド距離<br>□その他 |
| (4) | クラスターの合併法 | □ウォード法<br>□重心法その他 |

ないわけではない．

クラスター分析は，因子分析と同様，ユーザーが指定すべきことがいろいろあるので表 5.1 にまとめてみた．

## (1) 分類の対象

この指定の意味は上記した通り，データ行列の行をグルーピングするのか，列をグルーピングするのかという違いである．両者はクラスター分析の利用目的からすれば大違いだが，形式的にいえばデータ行列 $X$ を転置すれば，行のクラスター分析と同じアルゴリズムのまま列をクラスター分析できるので，数学的には大した違いではないともいえる．

## (2) 分類の形式

要は，「クラスター間は分かれており，クラスター内は似通っている」ように分割できればよいのだが，それが結構

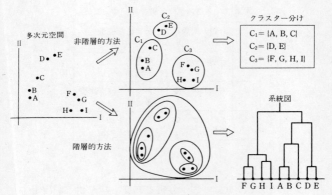

**図 5.2** 階層的方法と非階層的方法

難しい．そこで似た者同士を分類するためにさまざまな方法が開発されてきた．それらを大きく分けると階層的方法と非階層的方法の2つになる．図5.2は両方法の違いを図示したものである．A〜Iの9つの点が**非階層的方法**では3つのクラスターに分割され，一方，**階層的方法**では柔道やテニスのトーナメント戦のような系統図をたどってグループがまとめられている．このツリー図のことを**デンドログラム**（dendrogram）と呼んでいる．

これだけの説明では両方法のよし悪しも使い分けもわからないので，もう少し詳しく分析のロジックを追ってみよう．

非階層的方法ではあらかじめクラスター数を指定してやれば，その制約下での最適クラスタリングを探索してくれ

る．図 5.2 でいえば $C_1$, $C_2$, $C_3$ の 3 クラスターは互いに分かれているし，各クラスター内の要素は近くに集まっているので，まあ適切なクラスタリングをしているように見える．しかし，肝心なのは「じゃどうしてクラスター数が 3 つだということがわかったのか」ということである．

クラスター分析もはじめの言葉である以上，解析前にはモノの分類構造はわかっていないはずである．未開の新大陸にはじめて足を踏み入れる生物学者が，探検前にそこに住む動植物が何種類から成っているのかは知らなくて当然である．クラスターがいくつあるかが明らかなくらいなら，そもそもクラスター分析をかける必要があるのだろうか？ と自問してみれば，非階層的方法の無謀さがわかるというものだ．

このような無理な仮定をせずに，データにモノを語らせようとする穏健なやり方が階層的方法である．

階層的方法のロジックは次のようになる．「世の中のモノは微細な差を問題にすれば 1 つとして同じものはない．そこで 1 つ 1 つのモノがそれぞれ別のクラスターである状態から出発して，次第に差の基準をゆるめてゆけば，クラスター同士の合併ができるようになり，しまいにはすべてのモノが 1 つのクラスターにまとまるに違いない．」

たとえば日本人もアメリカ人も人間という意味では同じ仲間である．世界は 1 つ，人類は皆兄弟なのだ．この階層的方法の論法は一見もっともらしいが，「じゃ要するにいくつにセグメントすればいいのか」と聞かれると困ってし

まう．デンドログラムをどのレベルで切ればよいかがわからないからだ．

ここで，非階層的方法と階層的方法の長短および使い分けのヒントを整理しておこう．

表5.2 クラスター分析の使い分け

|  | 非階層的方法 | 階層的方法 |
|---|---|---|
| 長　所 | あらかじめ決めたクラスター数での最適分割ができるクラスターへの分割処理が速い | クラスター数をあらかじめ決めなくてよいので，気が楽 |
| 短　所 | クラスター数をあらかじめ決めるための客観的基準が確立していない | モノの数が多いと系統図が巨大になって扱いかねるクラスター数の決定で後から悩むことになる |
| 使い分け | クラスター分析の対象数が多いとき | クラスター分析の対象数が30個以下くらいで少ないとき |

いずれの方法を用いるにせよ，いつかどこかでクラスター数を決めなければならない．しかし，クラスター分析には絶対的な判定基準はなく，どちらかといえばクラスター分析外の世界で判断しなければならないのだ．実際的には図5.1の第④ステップで，さまざまなクラスター分割ごとに，クラスターと消費者特性とか行動との間でクロス集計を行い，

● 類型がわかりやすく，
● マーケティング施策上マネジリアルなクラスター数に決

定する,
というのが穏当な決め方であろう.

どの程度のクラスター数に企業が対応可能かは,商品特性にもよるし,あるいは企業の経営資源によっても異なる. 一般的には 4～7 個のクラスターに分けることが多いようであるが,これは統計学の側から決められる問題ではない.

### (3) 対象間の距離

多次元空間内の点間距離を測るメジャーには類似性だの近親性だの相関係数や $\chi^2$ 距離などさまざまなものがある. しかし,ここは,ユークリッド距離でモノとモノとの距離を測り,近いモノから順にまとめる,という方針で行くのが簡明だ.

たとえば $x$ と $y$ という 2 点が 2 次元空間内の点で,

$$x = \begin{bmatrix} 5 \\ 4 \end{bmatrix}, \quad y = \begin{bmatrix} 1 \\ 1 \end{bmatrix}$$

で位置づけられているとしよう. するとこの 2 点の差のベクトル $d$ は,

$$d = x - y = \begin{bmatrix} 5 \\ 4 \end{bmatrix} - \begin{bmatrix} 1 \\ 1 \end{bmatrix} = \begin{bmatrix} 4 \\ 3 \end{bmatrix}$$

となる.

$$\boxed{\text{ユークリッド距離} \ \|d\| = \sqrt{(x-y, x-y)}} \quad \cdots\cdots ①$$

イ) ユークリッド距離　　ロ) ピタゴラスの定理
　　　　　　　　　　　　　( )内の数値は内積であり，
　　　　　　　　　　　　　正方形の面積を表している

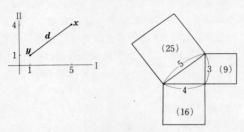

**図 5.3** 距離をどう測るか

$d$ のノルムをユークリッド距離という．①式はユークリッド距離の定義式であり，しかも計算手順を示したものでもある．ここでもベクトルの内積が登場するのだ．

なお，①式の左辺でベクトルの両側についている $\| \ \|$ は，ベクトルのノルムといって1つの数を表している．したがってノルムは，ベクトルではなくてスカラーである．上記の例で $\|d\|$ を計算してみると，

$$(d, d) = \begin{bmatrix} 4 & 3 \end{bmatrix} \begin{bmatrix} 4 \\ 3 \end{bmatrix} = 4^2 + 3^2 = 25 \quad \cdots\cdots ②$$

ルートをとれば，$\|d\| = \sqrt{25} = 5$ と，何かしらの数値が出てくる．

しかし，いわゆる幾何頭の人は，このような計算を見ただけでは，ユークリッド距離のイメージはつかめないと思う．そこで，この間の事情を絵に描いたのが図 5.3 であ

る．この図のロ）を見れば②式の計算はまさに「直角三角形の斜辺の二乗は……云々」というピタゴラスの定理を表していることに気づかれたであろう．

中学時代に出たピタゴラスの定理（またの名を三平方の定理）が，クラスター分析にも顔を出してくることに，驚いた方もおられると思う．もっともわれわれが子供の頃に習ったのは平面とか立体の幾何学であったが，②式をにらむと空間の次元が2次元や3次元に制限されるものではないことがわかるだろう．たとえば5次元空間のベクトルが

$$\boldsymbol{d} = \begin{bmatrix} 1 \\ 2 \\ 3 \\ -1 \\ -1 \end{bmatrix}$$

ならばその内積は，

$$(\boldsymbol{d}, \boldsymbol{d}) = 1^2 + 2^2 + 3^2 + (-1)^2 + (-1)^2 = 16$$

したがって $\|\boldsymbol{d}\| = \sqrt{16} = 4$ とユークリッド距離が計算できてしまう．距離計算のロジックさえ同一なら多次元空間にサッサと一般化してしまう，というところがいかにも数学らしい．つまり，クラスター分析にかける次元数は10次元でも20次元でも何次元でもよい．これは理論的には上限がないという話であって，①個々の具体的な分析事例において，それほどの多次元空間に実質的な意味があるのか，という問題と，②何次元でも分析できるようにクラスター分析のプログラムが作られているか，というソフトの

制約上の問題は別の話である．

実際の応用では2〜5次元空間くらいでクラスター分析を行うことが多いのは，①または②の事情による．

## (4) クラスターの合併法

図5.2をもう一度見てもらいたい．階層的方法では，まず{F, G}とか{H, I}のような，ごく接近したモノでクラスターを作り，次の階層ステップでこの2つのクラスターを合併している．こうしたクラスターの合併は，当然近いクラスター同士を優先的に合併するというプロセスを経るわけであるが，ではどうやってクラスターとクラスターの近い遠い，という抽象的な概念を定義すればよいのだろうか．この問題に対しては最短距離法（最近隣法），最遠隣法，メジアン法，群平均法，重心法，ウォード法など多くの方法が開発されている．

**最短距離法**では，図5.4の例のように，7番目の対象が近くにいる10番とは一緒にならないで，遠く離れた1番目と同じクラスターに入ってしまう，という納得し難い結果が起こり得る．これを**チェイン効果**（chain effect）と呼んでいる．その他の方法もそれぞれ独特のクセをもっているが，ズバリとよし悪しを判定することは難しい．

高木（1994）によれば，経験上は**ウォード法**（Ward's method）が解釈上意味のある結果を導くことが多いとのことである．

ウォード法のロジックは次の通りである．まず各クラス

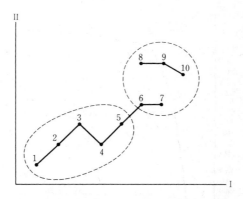

●—● はクラスター数 2 の時の最短距離法の結果
⸺ は同じくウォード法による結果

図 5.4 最短距離法によるチェイン効果

ターに属するモノの座標ベクトルを $\boldsymbol{x}_i$ $(i=1, 2, \cdots)$ とし, 各クラスターの重心 $\boldsymbol{g}$ からの偏差二乗和を計算する. つまり①, ②式にならって書けば, $\boldsymbol{d}_i = \boldsymbol{x}_i - \boldsymbol{g}$ より $\sum(\boldsymbol{d}_i, \boldsymbol{d}_i)$ を求める. これを級内変動とかクラスター内平方和と呼ぶ. さて, 2つのクラスターを合併して1つのクラスターにまとめたとする. このとき, 級内変動の増加分を LI (loss of information, 情報損失量) と定義する.

> クラスターを合併すれば級内変動は増える

これは統計学的な大原則であるが, もっと平たく言ってしまえば, 「ミソもクソも一緒にすれば, クラスター内はゴ

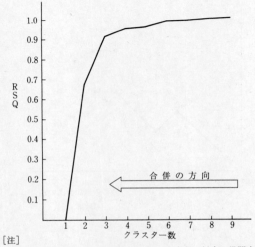

[注]

タテ軸の RSQ は R-Squared の略で,全変動に対する級間変動の比を意味する.下表でいえば B/T に相当する.

| 変動因 | 距離の平方和 |
|---|---|
| 級 間 変 動 | B |
| 級 内 変 動 | W |
| 全 変 動 | T |

図 5.5　クラスター数と級間変動の関係

タマゼになる」ということだ.

図 5.2 の例に基づくイメージ図を図 5.5 に示した. 3 クラスターよりも合併を進めようとすると級内変動が急激に

増え，逆に図5.5でいう RSQ が低下することがわかる．

このように，クラスターを合併することによって必ず LI は増加してしまうが，その LI の増加を最小にするように，合併相手を決めようというのがウォード法である．このような**損失関数**の最小化は，さまざまな数値解法の常套手段である．

## 5.2 OL のセグメンテーションの事例

### (1) クラスターを作るまで

原ら（1990）の研究による「生活価値観によるセグメンテーション」の分析事例を紹介しよう．

・調査目的：ヤング～ヤングアダルト OL の生活価値観を調べ，彼女らのアフター 5 の過ごし方の意識と行動様式を探る．
・調査方法：質問紙を用いた個別調査
・調査対象：東京都の企業に勤務する 20～35 歳までの未婚有職女性（有効回収数　152 人）
・質問内容：●アフター 5 の行動（6 項目）
　　　　　　●平日の帰宅後の過ごし方（5 項目）
　　　　　　●アフター 5 の過ごし方についての意見（6 項目）
　　　　　　●生活全般に関する意見（26 項目）
　　　　　　●フェイスシート（4 項目）

・分析方法：

```
┌─────────────────────────────┐
│ 数量化理論Ⅲ類（アフター5の過ごし方 │
│ に関わる生活価値観の抽出）       │
└─────────────────────────────┘
              ↓
┌─────────────────────────────┐
│ クラスター分析（アフター5の過ごし方 │
│ によるセグメンテーション）        │
└─────────────────────────────┘
              ↓
┌─────────────────────────────┐
│ クラスター・クロス集計（各クラスター │
│ のアフター5の過ごし方に対する意識と │
│ 行動を明らかにする）             │
└─────────────────────────────┘
```

 第2章で紹介した数量化理論Ⅲ類をかけて得られた152人のOLのサンプル・スコアをクラスター分析しよう．

 クラスターの特徴づけには，1つには多次元空間の次元の解釈が，2つにはデモグラフィック（人口統計）変数とか，その他の意識や行動とのクロス集計が用いられる．

 まず，次元の解釈を表5.3に示す．Ⅰ軸プラスはモノへのこだわり，Ⅱ軸のマイナスはお金へのこだわりを意味している．

 表5.3について補足すると，プラス方向とかマイナス方向に，何か絶対的な価値や優劣，上下関係があるわけではない．モノへのこだわりが職場への充足感よりポジティブな意識だと多変量解析が判定したわけでも何でもない．もし気に入らなければ，プラスとマイナスをそっくり入れ替えて表現しても何もインチキではない．これは地球儀を眺

表5.3 次元の解釈

|  | ＋（プラス）方向 | －（マイナス）方向 |
|---|---|---|
| I軸 | モノへのこだわり<br>「欲しい物は借金してでも買う」<br>「ブランド物はよい」<br>「気の利いた店を知っている」<br>といったモノに関する項目に反応 | 職場への充足感<br>今の職場の仕事，給与，労働条件に関する項目に「満足」と反応している |
| II軸 | 仕事への情熱<br>「仕事に生きがいを感じる」また「仕事に満足」といった仕事に関する項目に反応 | お金へのこだわり<br>「仕事の内容よりお給料を重視」や「結婚相手に望むことは第一に経済力」など金銭感覚に関する項目に反応 |

めるとき，北極側から眺めようが南極側から眺めようが，地球儀そのものには何の変わりもない，ということと同じだ．

さらに，クラスターとほかの質問項目とのクロス集計（ブレイク・ダウンともいう）に基づく**クラスターの類型化**を表5.4に示す．

ここでも，クラスターAを「リッチなお嬢様タイプ」，クラスターBを「愚痴こぼしタイプ」などとネーミングするところに文学的才能が発揮される．この部分の作業に快感を覚えて，クラスター分析に病みつきになってしまうユーザーもいる．所詮，クラスター分析は「はじめの言葉」であるから，自由奔放に命名するのはかまわないが，①ネーミングは分析者個人の主観と経験，それに言語能力に依存する，という制約と，②いったん名前をつけると，その名前が独り歩きをはじめて，企業内のさまざまなユーザー

表5.4 各クラスターのプロフィール

| クラスター | 属　性 | プロフィール |
|---|---|---|
| A<br>リッチなお嬢様タイプ | ○最リッチ層（平均小遣い8.7万円/月）44%が10万円以上，11%が15万円以上<br>○3/4が家族と同居 | ●典型的な現代お嬢様OL．モノへのこだわりについては，見かけ上のものであって，本質的な部分については意外に軽薄．流行には敏感．また，家族との同居が多く，稼いだお金はほとんど自分の小遣いになる．さらに，父親のカードで気軽に「JCBしちゃってる」．<br>●仕事に対する姿勢はあまり積極的でない．また，私生活についてもある程度満たされているため，ストレスは強くない．<br>●すでに，彼氏もしくはそれに近い存在がいて，頭の中は，今度どうしようかという方向にある． |
| B<br>愚痴こぼしタイプ | ○エコノミー層（平均小遣い6.0万円/月）<br>○独り暮らしが多い<br>○一般事務職に就いている人が圧倒的（71%） | ●はっきりとはいえないが，特にコレといった彼氏がいないタイプ．そのためか，同性の友達とワイワイやるのが好き．というよりむしろ，「家，会社」での不満や愚痴をぶちまけているのかも…．近い将来，お局様になるタイプか．<br>●自己啓発をしたいのだが，なかなか行動に結びつかない（金銭的な余裕が今ひとつない）． |
| C<br>ジュニアトランタンタイプ | ○ミドル層（平均小遣い7.1万円/月）<br>○企画職と一般事務職1/4ずつ | ●仕事への責任感がとても強く，今の仕事に満足している．上昇志向が強い典型的なキャリアウーマン（トランタンJr.）か．そのため，自己啓発への関心も高く，バリバリのやり手と見られる．<br>●金銭面への関心は強いが，決してムダ遣いはしないタイプ． |

表5.4 つづき

| クラスター | 属　性 | プロフィール |
|---|---|---|
| D<br>職場のお局タイプ | ○ミドル層（平均小遣い7.2万円/月）<br>○82%が家族と同居<br>○他グループに比べて年齢構成がやや高め | ●ある程度年数（キャリア）を積んだことで，仕事・職場への充足感が高い（居心地がよくなった）．<br>●自ら進んで事を起こさないタイプだが，誘われれば決して拒まない．同性の友達とワイワイやるのが好き．その時の会話は，「最近の新人は…部長は…で頭にきちゃう」．<br>●普段は家に帰って食事をとるなど，ムダ遣いはしない．しまり屋さん． |
| E<br>貧しいシンデレラタイプ | ○最貧層（平均小遣い5.3万円/月）46%が月5万円未満<br>○比較的単身者が多い（39%）同居は46%<br>○一般事務職がほとんど（85%） | ●典型的な独り暮しのOLか．とにかく家賃・生活費等でアップアップ状態のため，何をやるにも財布との相談になっているようである．生活の上でも，特に夢中になれるものがない．<br>●生き甲斐は，「経済力のある男性と早く結婚したい」という夢をみる程度か．少しかわいそう． |

にそれぞれ都合よく利用されてしまう，という危険性は無視できない．

ここまでの分析は，クラスター分析の常套手段といってよいが，原らの分析の工夫は，次のようなスコアリングによって，クラスターの相対的な位置づけを「領域別」に行ったことである．

## (2) スコアをつけて具体化する

**意識** 残業はしたくない
　　　　「まったくそう思う」……………1点
　　　　「ややそう思う」…………………2点
　　　　「どちらとも言えない」…………3点
　　　　「あまりそう思わない」…………4点
　　　　「まったくそう思わない」………5点

　　　　それ以外の意識質問
　　　　「まったくそう思う」……………5点
　　　　「ややそう思う」…………………4点
　　　　「どちらとも言えない」…………3点
　　　　「あまりそう思わない」…………2点
　　　　「まったくそう思わない」………1点

**行動** 各質問項目とも，実行の頻度によりスコアづけを行った．
　　　　「ほとんど毎日」…………………5点
　　　　「週2～3回」………………………4点
　　　　「週1回」……………………………3点
　　　　「月に2回」…………………………2点
　　　　「行かない」…………………………1点

　領域としては，「残業」「買い物」「食事・酒」「コンサート」「スポーツ」「習い事」をとりあげた．そして意識と行

動の平均値を組み合わせて，A〜Eの5クラスターをプロットしたのが次ページの図5.6である．

このアプローチには，見習うべき点が少なくとも3点ある．

①アフター5の一般論のみの分析ではなく，6つの具体的な領域に分けて分析していること．

②意識と行動という2軸は，いわば願望と現実を対比させたものであり，視点として面白い．図5.6で右上45度の対角線に乗っているクラスターは，意識と行動のギャップが少ないかもしれない（座標のスケールが異なるので，厳密な議論は不可能だが……）．

③表5.3では数量化理論Ⅲ類によって抽象的に空間が解釈されていたのに対して，図5.6の方は，タテ座標・ヨコ座標の意味合いがわかりやすい．スコアのつけ方は簡明で，他人に説明するのも楽であり，ともかく具体的なのがよい．

表5.3や表5.4のままだと，訳がわからない物語に煙に巻かれてしまうという感じは否めないけれども，図5.6まで見せられれば，そうダマされた気がしないのではないだろうか？

## 5.3 人気企業の時系列変化を追う

リクルートリサーチの信時は小島ら（1994）において，男子大学生の人気企業に関する調査データにクラスター分

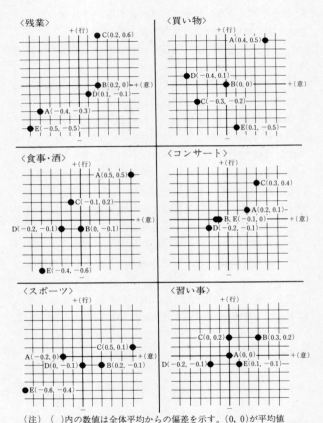

(注)（ ）内の数値は全体平均からの偏差を示す。(0, 0)が平均値

**図 5.6** 意識と行動の2次元プロットで見たクラスターの位置

析を適用した.

この調査は,就職活動中の学生に就職したい企業を自由に5社まで記入してもらい,さらにそれぞれの企業を選んだ理由を23項目の中から5項目まで選んでもらうものである.ここで紹介する事例は,文科系の学生が選んだ人気企業の上位50社を,その選社理由により,クラスター分析したものである.

特に'93年度調査('94年卒業対象)と'90年調査を比較することにより,次のような検討をしているところが面白い.
1) 企業の人気の理由が,'90年と'93年とで変化があるのか.
2) 各クラスターに分類された企業は,'90年と'93年でどのような違いがあるのか.
3) '90年から'93年にかけてクラスターを移動した企業には,どのような特徴があるのか.

'90年と'93年にかけての各企業のポジションを4つの因子の組み合わせで見ると,第1因子と第3因子で構成された平面上に,6つのクラスターがきれいに分離された.この平面上(図5.7)で見ると,選社理由のベクトルはイメージ重視→実質重視,進取的→保守的の方向へ向いている.

企業のポジションが変化したのは,①企業のイメージが変化したのか,②学生の選社理由が変化したのか,の2通りが考えられる.

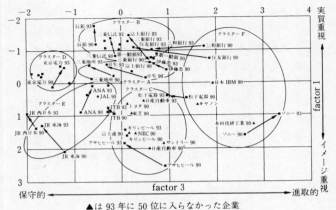

▲は93年に50位に入らなかった企業

図5.7 人気企業のポジショニング

イメージが変化した企業もあると思うが，全体的にベクトルが同じ方向に向いていることから，バブルのピークであった'90年と，不況真っ只中の'93年では就職環境が激変し，学生の選社理由が変化したと考えるのが妥当であろう．

ちなみに，最も変化の大きかったFクラスターを見てみよう．

進取的なFクラスターには，順位が上昇した企業は1つもないどころか，このクラスターにとどまった企業はソニーしかない．

ソニー以外は，松下電器，三和銀行，住友銀行は50位以内にとどまったが，F→CまたはF→Bに移っており，キ

```
              '90 年→'93 年
ソニー         F  →  F   (7 位→24 位)
松下電器産業    F  →  C   (13 位→22 位)
三和銀行       F  →  B   (18 位→23 位)
住友銀行       F  →  B   (23 位→31 位)
キヤノン       F  →      (31 位→80 位)
日本 IBM      F  →      (42 位→138 位)
本田技研工業    F  →      (48 位→80 位)
```

ヤノンと日本 IBM と本田技研工業は 50 位から消えてしまった. そういった意味でも, 進取性がさらに高まったソニーの特徴が目立つ.

本研究は, 人気企業の時系列変化を丁寧に追跡した珍しい事例である. 多変量解析の時系列比較には難しい問題があるが, この点は 9.2 節でまとめて述べよう.

## 5.4 クラスター分析の迷路

クラスター分析も因子分析と同様, 迷路にはまり込みやすい厄介な方法である.

①計算法のバリエーションが多すぎる
②最適クラスターを決める基準がない
③どうやったらクラスターにアクセスできるのかわからない

実務上は、次のような作戦で①〜③の悩みに対応したらどうだろうか.

> ①には……ともかくメジャーな解法に従う
> ②には……クロス集計で決着をつける
> ③には……クラスターとデモグラフィック変数との対応をつける

まず迷路その①であるが、クラスター手法のクラスター分析が必要なほど、たくさんの計算法がある。そもそもクラスター分析という単一の分析法が存在するわけではない。もともとは、生物学における**数値分類法**（numerical taxonomy）にはじまり、多種多様の分析法が提案されてきたので、クラスター分析というのはいわば「群」の名称なのである。

しかも、点間距離の測り方、最適クラスター分割の基準、クラスター合併のアルゴリズムなど、オプションを組み合わせると、数百通りのバリエーションになる。仮にまったく同一のデータを分析したとしても、採用したオプションが違えば、違った分析結果に辿り着くのは当然である。では、所与のデータの性格に適したオプションが簡単に判定できる仕組みが提供されているのか、といえばそうではない。そこで、そういうエキスパート・システムの構築は、専門家の今後の研究にお任せするとして、ユーザーの方は、とりあえずポピュラーに使われている解法を採用する

表5.5 クラスター分析のポピュラーな使い方

| (1) | 分類の対象 | モノを分類するか,変数を分類するかは分析の目的次第である。 |
|---|---|---|
| (2) | 分類の形式 | クラスター分析の対象数が多いときは,非階層的方法を用いる。少なければ階層的方法を用いる。 |
| (3) | 対象間の距離 | ユークリッド距離 |
| (4) | クラスターの合併法 | ウォード法 |

のが手っ取り早い.

表5.1に従って整理すれば,表5.5のようになる.

次の迷路②は,クラスター数を決定する問題である.大方のユーザーの期待に反して,クラスター数を決める客観的な基準はない.現在,比較的信用度の高い基準はカリンスキーとハラバス (1974) による,次の**疑似 $F$ 統計量** (pseudo $F$) であろう.ミリガンら (1985) はモンテカルロ法実験によって,この統計量が母集団のクラスター数を推定する精度が高いと報告している.**モンテカルロ法** (Monte Carlo method) というのは,乱数を発生させながらコンピュータ内で実験を行う方法をいう.

$$\text{pseudo } F = \frac{\text{tr } \boldsymbol{B}/(k-1)}{\text{tr } \boldsymbol{W}/(n-k)} \qquad \cdots\cdots ③$$

ここで,対象の数は $n$,クラスター数は $k$,tr $\boldsymbol{B}$ はクラスター間分散共分散行列の主対角要素の和,tr $\boldsymbol{W}$ はクラスター内分散共分散行列の主対角要素の和である.

tr $\boldsymbol{B}$ と tr $\boldsymbol{W}$ の比だけでは,クラスター数が増えるほど

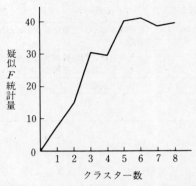

図 5.8 クラスター数と疑似 $F$ 統計量の関係

大きな値となって歯止めがかからない．そこで③式の基準では，分子の $(k-1)$ がペナルティー的に働き，分母の $(n-k)$ はリウォード（報酬）的に働いていることがわかる．この統計量は，分散分析で $F$ 比を求める式に類似しているので，疑似 $F$ 総計量と呼ばれている．図 5.2 の例で疑似 $F$ 統計量の推移を見てみると，図 5.8 の通りになり，クラスター数が 6 つのときに最大となる．「クラスター数は 6 つがよさそうだ」ということになる．しかし疑似 $F$ 統計量は 1 つの目安に過ぎず，この値でクラスター数を決めれば絶対に正しい，というルールが確立しているわけではない．クラスター数が $k$ だとして，サンプル全体が $n/k$ ずつのサイズのクラスターに分割されるとよいと考えるユーザーもいるが，なぜ同数ずつのセグメントに分かれるこ

とが正しい状態なのか,という根拠もない.

このように「うまくいったクラスターとは何か」という基準自体があいまいなのである.統計学サイドで一方的にクラスター数を決めつけられない以上,ユーザーの方で判断せざるを得ない.大変煩わしいことだが,次のフィードバック・ループを繰り返すことがよく行われている.

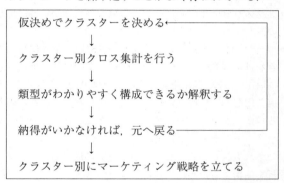

では何回,試行錯誤を繰り返せば納得がいくクラスターに辿り着くか,というと,それも決まっていない.そもそもクラスター分析全体が納得だとか,どこかで手をうつといったような極めて人間臭い妥協の産物なのだといってよい.

最後に迷路③は,クラスターが tangible(手で触れる)かどうか,という問題である.

5.2節のOLのクラスター分析の例でいえば,企業のマーケターとしては,もし「愚痴こぼしOL」に興味をもった

ら，ぜひ本人に会って愚痴を聞いてみたいという気になるのは当然だろう．
- クラスターを代表する典型的な対象者に会って，そこから何らかのビジネス・チャンスを発見したい．
- 見ず知らずの OL 1 人を連れてきたときに，その人がどのクラスターに属するかが判定できる仕組みがないと，クラスター分析の利用は調査対象者の範囲から外に出ない．
- マーケット・セグメンテーション戦略が具体的に発動できなければ意味がない．たとえば，全国の「愚痴こぼし OL」に一斉に DM を発送することは可能だろうか？ 愚痴こぼし OL 全員をカバーした台帳などどこにあるのだろうか．クラスターにアクセスできなければ，ダイレクト・マーケティングは展開できないのだ．

いずれも難しい問題なのだが，現実の世界でクラスター分析を活用するためには無視できないポイントである．触れない（intangible）クラスターは，絵に描いた餅に過ぎない．tangible なセグメンテーションを行う 1 つの解決策が CHAID の利用である（朝野, 1998）．CHAID の事例は 239 ページに紹介しているので参考にされたい．

## 第6章 重回帰分析と数量化理論 I 類
―― 市場性を予測する

　重回帰分析は終わりの言葉に属する多変量解析の代表格である．極めて幅広く利用されてきた標準的な分析法であると同時に，一変量解析から多変量解析に入る入口でもある．その意味では，第1章のウォーミングアップに引き続いてこの章を読まれることを勧めたい．

```
●ユーザーは予測ではなく統制の目的で重回帰分析を
　使うことが多い
●重回帰分析の理論はベクトルの内積と線型モデルだ
　けで理解できる
●気軽に重回帰分析をすれば，ほぼ確実に無意味なア
　ウトプットが出てくる
```

### 6.1　重回帰分析早わかり

　重回帰分析とは何かと一言でいえば，「基準変数ベクトル $y$ を線型モデルで予測しようとする方法」である．線型

**表6.1** さまざまな分野における変数の呼び分け

| 関心のある変数 | その原因となるものと想定される変数 | 各用語が使われる文脈 |
|---|---|---|
| 基 準 変 数 | 説 明 変 数 | 多 変 量 解 析 |
| 結 果 | 原 因 | 因 果 モ デ ル |
| 総 合 評 価 | 仕様（スペック） | 生産デザイン |
| 測 定 デ ー タ | 因 子 | 実 験 計 画 |
| 外 的 基 準 | 要 因 | 数 量 化 理 論 |
| 従 属 変 数 | 独 立 変 数 | 数 学 |
| 内 生 変 数 | 外 生 変 数 | 経 済 |
| 選 好 | 属 性（attribute） | 多属性決定モデル |

　モデルとは何かわからなければ第1章を読み直してもらいたい．一方，基準変数が何をさすかピンと来ないかもしれないので，さまざまな分野で基準変数に対応する変数名をどう呼び慣らわしてきたかを表6.1に示した．要するに何か研究上，主たる関心のある変数が基準変数なのであって，それを説明するために用いる変数を説明変数と呼んで区別するのである．したがってそれぞれの研究課題の脈絡の中で，分析者が変数の役割を決めているのである．ある変数を常に基準変数として扱うべきか説明変数として扱うべきかが決まっているわけではない．

　表6.1の各用語にはそれぞれ若干ニュアンスの差はあるが，そう神経質になることはない．要するに，分析手法のユーザー間での誤解がなければよいのだから，それぞれのユーザーが自分自身の環境やバックグラウンドに応じて，馴染みのある用語でコミュニケーションを図ればよいだろう．

## 6.1 重回帰分析早わかり

$$\text{支店} \begin{array}{c} 1) \\ 2) \\ 3) \\ 4) \\ 5) \end{array} \begin{pmatrix} \overset{\text{販売台数}}{3} & \overset{\text{販促費}}{1} & \overset{\text{拠点数}}{2} \\ 2 & 3 & 0 \\ 0 & 0 & -2 \\ -1 & -1 & -1 \\ -4 & -3 & 1 \end{pmatrix}$$

↑ 基準変数 ⇐ 説明変数は2つ
予測

図 6.1 自動車ディーラーの数値例

$$\begin{matrix} \hat{\boldsymbol{y}} & \boldsymbol{X} & \boldsymbol{b} \end{matrix}$$
$$\begin{pmatrix} \hat{y}_1 \\ \hat{y}_2 \\ \hat{y}_3 \\ \hat{y}_4 \\ \hat{y}_5 \end{pmatrix} = \begin{pmatrix} 1 & 2 \\ 3 & 0 \\ 0 & -2 \\ -1 & -1 \\ -3 & 1 \end{pmatrix} \begin{bmatrix} b_1 \\ b_2 \end{bmatrix}$$

図 6.2 線型モデル

ごく簡単な数値例で,重回帰分析のしくみを説明しよう.図6.1のデータを眺めてもらいたい.これは自動車ディーラー5支店の販売台数,販促費と拠点数を**平均偏差**データ行列で表したものである.販売台数は,ここでは仮に1万台単位としておこう.販促費と拠点数については,すでに第1章の③式にも出てきたお馴染みのデータである.

販促費と拠点数のデータを $X = [\boldsymbol{x}_1 \; \boldsymbol{x}_2]$ として重み(ウエイト)ベクトル $\boldsymbol{b}$ を右から掛けて,販売台数 $\boldsymbol{y}$ を予測しようというのが,重回帰分析の問題である.線型モデルの

ステップ1　$X$の一次結合は空間$S(X)$を定める

$f = Xb$は自由自在

ステップ2　基準変数$y$が与えられる

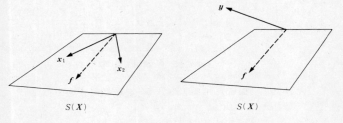

ステップ3　$y$に最も近い$f$は？……
距離$e$を測る

ステップ4　正射影ならベスト

$$\|e\| \to \text{Min}$$
$$\theta \to \text{Min}$$

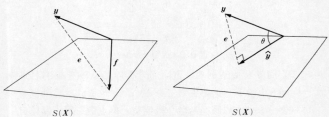

図6.3　重回帰分析のしくみ

形は，図6.2のようになる．

この線型モデルが何を意味しており，重みベクトル$b$をどのように決めようとしているのかを，グラフを通して理解してみよう．

図6.3は，$Xb$によって作られる合成変数ベクトル$f$

が，$X$ によって生成される空間 $S(X)$ 上を自由自在に動き回れることを示した．線型代数では，この $f=Xb$ のことをベクトル $x_1$ と $x_2$ の一次結合と呼んでいる．

ステップ1の図は $x_1$ と $x_2$ でセルロイドの下敷きの方向を定め，その上を矢線 $f$ が動き回っている様子を思い浮かべてもらいたい．とりあえず $b$ は任意であるが，$b$ を定めれば $f$ も定まる．さて，次にステップ2では $X$ とは独立に基準変数の $y$ が与えられていることを図解した．

販売台数は販促費と拠点数とは別個に調べられたデータであるから，販促費と拠点数で生成される空間 $S(X)$ の外にいる，と考えておいた方がよい（もちろん $y$ がたまたま下敷き $S(X)$ に乗っかってしまうこともないとはいえないが……）．

次に図6.3のステップ3で $y$ と $f$ の差をとって残差のベクトル $e$，つまり $e=y-f$ を作ってみる．$e$ のノルム $\|e\|$ は，この図の点線部分のユークリッド距離を表している．

さてここで，このノルムの値は大きい方がいいのか小さい方がいいのか，と思案してみよう．$X$ で $y$ を予測したい，という初心に立ち戻ってみれば，$y$ と $f$ は接近している方がいいはずだ──それなら $\|e\|$ が小さい方がいい，というロジックになろう．そこでステップ4のように $y$ から空間 $S(X)$ にまっすぐに垂線を下ろした足を $\hat{y}$ とおく．この $\hat{y}$ を $y$ の正射影と呼んでいるが，このとき，$\hat{y}$ は $y$ に最も近づきそうだ，……と感じられただろうか？　幾

何学的にイメージをつかんでもらいたい.

ステップ4でしていることは, $\|e\|$ の最小化であり, それは $y$ と $\hat{y}$ の角度 $\theta$ の最小化と同じことなのは, 見た目で納得できるのではないだろうか？ 数式で証明などしなくても納得できればそれでよいので, ここではこの関係だけ覚えておいてもらって先へ進めよう.

$\|e\|=\sqrt{(e,e)}$ から明らかなように $\|e\|$ の最小化と内積 $(e,e)$ の最小化は同じ目標だと考えてよい. この後者の指導理念をさして**最小二乗法**（least squares method）と呼んでいる. この分析原理は大変有名なので, 理論はともかく名前だけは聞いたことがあるかもしれない. 以上を整理すると重回帰分析の論理は次のようになっている.

---

最小二乗法

$(e,e)$ を最小にする ⇨ $\|e\|$ が短くなる

⇨ $\theta$ も小さくなる ⇨ $\hat{y}$ と $y$ がくっついてくる

⇨ したがって $\hat{y}$ で $y$ がうまく当てられる

---

次に重回帰分析のアウトプットの読み方を説明しよう.

表6.2には図6.1のデータの基礎統計と, 各変数間の相関係数を示した. 図6.1のデータ行列は平均偏差化されていたので, 3つの変数とも平均値がゼロになっているのは当然である.

しかし2つの説明変数（販促費と拠点数）の相関係数がゼロになっているのは, 多分にできすぎである. これはこ

表6.2 基礎統計と相関係数

| 基礎統計 | 平均値 | 標準偏差 |
|---|---|---|
| 販売台数 | 0 | 2.449 |
| 販促費 | 0 | 2 |
| 拠点数 | 0 | 1.414 |

| 相関係数 | 販売台数 | 販促費 | 拠点数 |
|---|---|---|---|
| 販売台数 | 1 | 0.898 | 0.173 |
| 販促費 | 0.898 | 1 | 0 |
| 拠点数 | 0.173 | 0 | 1 |

のデータが巧妙な人工データであることを示している．現実の世界でデータに対峙すると，このようなことはまず起きない．

さて図6.1のデータを重回帰分析にかけると，図6.4のアウトプットが得られる．

ここで説明変数のウエイトが求められているが，これが図6.2の線型モデルでいう，重みベクトル $b$ の正体なのである．重回帰分析ではウエイトのことを偏回帰係数と呼んでいるが，より一般的ないい方をすれば「パラメータ」といってもよい．

さて，$b$ が求まったので図6.2の線型モデルが具体的に定まったのであるが，このモデル式の別な表現を図6.4の①式に書いておいた．

どのように予測式を書こうが意味していることは同じであるが，私としては $\hat{y}=Xb$ の方がスッキリしていて好きである．

一般的なコンピュータのプログラムでは，①式の予測式

各説明変数のウエイト（**偏回帰係数**）

$$\begin{cases} 販促費 \cdots\cdots 1.1 \\ 拠点数 \cdots\cdots 0.3 \end{cases}$$

販売台数の予測式

$\hat{y}=1.1\times販促費+0.3\times拠点数$ ……………………①

図6.4　重回帰分析の結果

を5つの支店に当てはめて，販売台数の予測値および予測のハズレ（残差という）をアウトプットしてくれる．表6.3がその内容である．ところで，この予測値は決して神秘的な御託宣でも何でもない．あいにくアウトプットが出なくても，自分のデータに①式を適用して計算すれば済むからだ．第1支店について確かめてみよう．この地区は販促費が1，拠点数が2だったから，

$$1.1\times 1+0.3\times 2 = 1.1+0.6 = 1.7$$

で確かにコンピュータが出力した予測値に合っている．暗算でも検算できるのだ．

表6.3の残差のデータの並び（1.3　−1.3　0.6　0.4　−1.0）が，実は図6.3で導入したベクトル $e$ にほかならないことに気づかれただろうか？　これはステップ4で $y$ の先端か

表6.3　個々の支店に当てはめると……

| 支店 | 販売台数 | 予測値 | 残差 |
|---|---|---|---|
| 1 | 3 | 1.7 | 1.3 |
| 2 | 2 | 3.3 | −1.3 |
| 3 | 0 | −0.6 | 0.6 |
| 4 | −1 | −1.4 | 0.4 |
| 5 | −4 | −3.0 | −1.0 |

ら空間 $S(\boldsymbol{X})$ に下ろした垂線のベクトルそのものを意味する.

表 6.3 にはベクトル $\boldsymbol{y}, \hat{\boldsymbol{y}}$ と $\boldsymbol{e}$ が出そろっているので,何はともあれ,それぞれの内積とノルムを計算してみよう.

$$(\boldsymbol{y}, \boldsymbol{y}) = \begin{bmatrix} 3 & 2 & 0 & -1 & -4 \end{bmatrix} \begin{bmatrix} 3 \\ 2 \\ 0 \\ -1 \\ -4 \end{bmatrix}$$

$= 30$ より $\|\boldsymbol{y}\| = 5.477$

同様に

$(\hat{\boldsymbol{y}}, \hat{\boldsymbol{y}}) = 25.1$ より $\|\hat{\boldsymbol{y}}\| = 5.01$

$(\boldsymbol{e}, \boldsymbol{e}) = 4.9$  より $\|\boldsymbol{e}\| = 2.21$

これらの内積は,その計算手続きから「**平方和**」とか Sum of Squares の頭文字をとって,SS と略称している.あるいは統計学的にはデータの散らばりを意味するので「**変動**」とも呼ばれる.

次に $\|\boldsymbol{y}\|, \|\hat{\boldsymbol{y}}\|, \|\boldsymbol{e}\|$ を 3 辺とする三角形を描いてみたのが図 6.5 である.

ここで,3 つの内積の間には次のように簡単な関係が成り立つ.

$$(\boldsymbol{y}, \boldsymbol{y}) = (\hat{\boldsymbol{y}}, \hat{\boldsymbol{y}}) + (\boldsymbol{e}, \boldsymbol{e}) \quad \cdots\cdots ②$$

数値例でも 30＝25.1＋4.9 と,この関係を確かめることができる.②式は幾何学的にいえば,「直角三角形の斜辺の二乗は底辺の二乗と高さの二乗の和に等しい」というこ

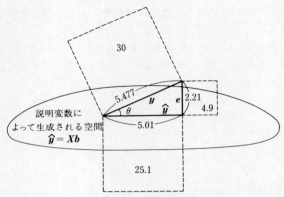

図6.5 ピタゴラスの定理で理解する重回帰分析

とを意味する．つまり，ピタゴラスの定理がここにも顔を出してくるのである．

統計学的な意味をはっきりさせるために②式の各項を，支店数の5で割ると，この式は次の関係を意味していることがわかる．

$$
\begin{array}{ccc}
\text{基準変数の分散} & \text{予測値の分散} & \text{残差の分散} \\
V_y & = V_{\hat{y}} + V_e \quad \cdots\cdots ③
\end{array}
$$

このように，原データ全体に存在していた分散 $V_y$ を，モデルで説明できる部分 $V_{\hat{y}}$ と，説明しそこねた部分 $V_e$ とに分解する，というロジックは，さまざまな統計解析に極めて広く出てくるものである．広い意味では「分散分析の論理」といってもよいだろう．

さて，$V_y$ がどう分解できた状態が好ましいかといえば，$V_{\hat{y}}$ が大きくて $V_e$ がゼロに近いほどよいに決まっている．天気予報でもそうだが，ハズレは少ない方がよいからだ．

さて，基準変数ベクトルの内積と予測値ベクトルの内積の比は，**決定係数**（coefficient of determination）といって，予測の精度を示す指標として用いられている．記号としては $r^2$ を用いることが多い．109 ページの SMC，124 ページの RSQ もその実質的な内容は $r^2$ と等しい．

決定係数　$r^2 = \dfrac{(\hat{\boldsymbol{y}}, \hat{\boldsymbol{y}})}{(\boldsymbol{y}, \boldsymbol{y})}$　数値例では　$\dfrac{25.1}{30} = 0.84$

図 6.5 および②，③式からわかるように，$r^2$ は基準変数の分散に占める予測値分散の割合と一致するから，この例では「原データの情報の 84% が重回帰モデルで予測できた」という意味になる．この決定係数を「寄与率」(contribution) と呼ぶこともある．

次に，決定係数の平方根をとると，$\dfrac{\|\hat{\boldsymbol{y}}\|}{\|\boldsymbol{y}\|}$ になるが，これも図 6.5 から明らかなように直角三角形の斜辺と底辺の比だから $\cos\theta$ に等しい．

ところで，大変面白いことに，$\cos\theta$ は $\hat{\boldsymbol{y}}$ と $\boldsymbol{y}$ の相関係数にほかならない．数値例では

$$r = \frac{\|\hat{\boldsymbol{y}}\|}{\|\boldsymbol{y}\|} = \cos\theta = \frac{5.01}{5.477} = 0.91$$

重回帰分析ではこの $r$ を**重相関係数**と呼んでいる．分析の目的が「説明」である場合は，決定係数が直観的にわかりやすいし，分析の目的が「予測」の場合は，重相関係

数がわかりやすい.さらに逆余弦変換で$\theta$を求めると$\theta=$23.83度であることがわかる.もし分度器が手近にあったら図6.5の三角形に当てて測ってみてもらいたい.

## 6.2 広告注目率の予測

(社)日本広告主協会(1972)による雑誌広告の注目率の分析例をあげてみよう.「週刊現代」「週刊文春」「女性自身」「女性セブン」の購読者を対象に,雑誌に掲載された広告164種類に対する注目率を調べた.このような調査をリーダーシップ調査と呼んでいる.注目率は広告を確かに見た人数を分子に,雑誌の購読者数を分母にして比を求めたパーセントである.これを基準変数とし,説明変数としては広告の掲載要因とクリエイティブ要因の両面を含んだ17変数(詳しくは表6.4)を用いた.

基準変数は量的データであるのに対して,説明変数はカテゴリーであるから,林(1952)の数量化理論Ⅰ類を用いて分析した.その予測モデルは

$$\hat{y} = Db + \bar{y}\mathbf{1}_n \qquad \cdots\cdots ④$$

ただし$D$はダミー変数行列,$b$は偏回帰係数のベクトルで,数量化理論ではカテゴリー・スコアと呼んでいる.右辺の第2項は注目率の平均値ベクトルを表す.

表6.4のカテゴリー・スコアを用いれば,このモデルから任意の広告について注目率の予測値が推定できる.分析

## 表6.4 説明変数一覧および偏回帰係数

| 大分類 | 中分類 | 項目 | 係数 |
|---|---|---|---|
| 掲載要因 | 誌面 | 表紙（表4, 表2, 表3） | 15.8 |
| | | グラビア | 2.6 |
| | | 活版 | -5.0 |
| | 前後 | 前 | 0.7 |
| | | 中グラ | -0.9 |
| | | 後 | -0.4 |
| | 左右 | 右頁 | 7.7 |
| | | 左頁 | 7.9 |
| | | 見開き | -83.4 |
| | 対向 | 目次・活版記事 | -1.5 |
| | | 1色グラビア記事 | -2.6 |
| | | 4色グラビア記事 | 0.1 |
| | | 活版の広告 | 2.1 |
| | | 1色・4色グラビア広告 | -4.8 |
| | | 対向なし | 10.6 |
| | スペース | 見開き2頁 | 79.1 |
| | | 1頁 | -3.6 |
| | | 2/5頁 | -17.4 |
| | | 1/3頁 | -13.5 |
| | 折場所 | 表紙・前後グラビア | -0.8 |
| | | 1折 | 2.1 |
| | | 2折 | 2.4 |
| | | 2〜3折マキ | -8.6 |
| | | 3折 | 3.7 |
| | | 3〜4折マキ | 1.9 |
| | | 4折, 5折, 中グラ | -1.8 |
| 本制作基本要因 | 色 | カラー | 7.0 |
| | | モノクロ | -4.7 |
| | グラフィック | 写真主体 | 2.8 |
| 制作基本要因 | グラフィック | イラスト主体 | -4.0 |
| | | コピー主体 | -2.2 |
| | 広告手法 | 記事広告 | -2.1 |
| | | 普通の広告 | 0.1 |
| 広告物要因 | 業種 | 出版, 学校, ホテル, 公共 | -0.6 |
| | | 医療, 薬品, 化粧品 | 2.3 |
| | | 飲食料品 | 2.8 |
| | | 金融, 保険, 証券 | -7.3 |
| | | 電気器具, 家庭用品 | -2.6 |
| | | 自動車, 化学, 運輸 | -2.8 |
| | | 文具, 事務器, 時計 | 1.4 |
| | | 繊維, 衣料, 靴 | 2.4 |
| | | 不動産, 建材 | -8.1 |
| | 懸賞キャンペーン | あり | 0.10 |
| | | なし | 0 |
| 素材要因 | 人物 | あり | -1.4 |
| | | なし | 2.6 |
| | 子供 | でる | 0.50 |
| | | でない | 0 |
| | 商品 | あり | -1.1 |
| | | なし | 1.6 |
| | 場面 | 屋外 | 0.3 |
| | | 屋内 | 0.4 |
| | | 不明 | 3.4 |
| | | なし | -2.5 |
| 告知要因 | 広告主名 | 入っている | -0.6 |
| | | 入っていない | 3.5 |
| | 料金・価格 | あり | -0.10 |
| | | なし | 0 |

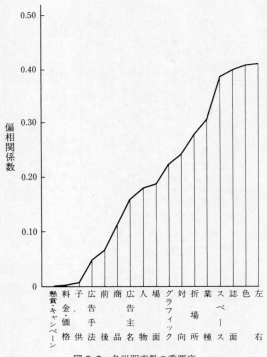

図 6.6　各説明変数の重要度

に用いた 164 種類の広告については，予測値と実際の注目率との間の相関 $r$ は，0.901 であった．前節で述べた通り，これを重相関係数と呼ぶ．また，$r^2=0.81$ は決定係数といって予測モデルの説明力を示す1つの指標である．原デー

タの変動の81％をこの予測モデルで説明できたことを意味している．また，注目率を規定する変数の重要度は，各変数の**偏相関係数**（partial correlation coefficient）と呼ばれる指標によって表すことができる．偏相関係数というのは，ほかの説明変数の影響を除外した，基準変数とある1つの説明変数との間の相関係数を意味する．この数値は高いほど重要なことになる．この事例で求めた偏相関係数を大きさの順に並べたものが図6.6である．

　この事例では広告注目率の予測とはいいながら，どう広告すれば注目率を高められるか？　というクリエイティブ戦略あるいは出稿戦略に，本当の狙いがある．現実のビジネス慣行からすると，注目率が低いはずだ，という予測が広告出稿前に出たところで，媒体計画には間にあわないし，広告営業にも役立たない．また仮に「注目率が低くなる」という予測が的中したとしても，喜ぶ関係者などいない．

## 6.3　重回帰分析で困ること

　前節の「広告注目率の予測」を詳細にご覧になった方は，表6.4でおかしな結果に気づかれたであろう．それは，見開き広告に与えられたスコアが「スペースの変数」では＋79.1なのに，「左右の変数」の所では－83.4という値になっている点である．同じ掲載条件が注目率を高めると評価されたり，低めると評価されたりでは，どう受け取れば

よいのかわからなくなるではないか．実は同じ見開きといっても，扉形式になっていて2ページ分のスペースはない広告もあるので，両者が完全に一致しているわけではないが……．

このような不都合な解が生じる状態を，**マルチコ（多重共線性**，multicollinearity の略）と呼んでいる．「マルチコ」というのは完全な和製英語なので，外国人に言っても通じないことに気をつけよう！ 変数間の相関が高いにもかかわらず，線型モデルで分析すると，とんでもないデタラメな解が出てくることがある．"ある"というよりも，ほぼ確実に信じられないアウトプットが出る．製品の品質を落とせばユーザーの満足度が高まる，とか小売店への仕入れを減らせば小売店の売上げが増える，といった見る気にもなれないアウトプットである．

マルチコの事態では，回帰パラメータの推定値の信頼性が極端に低下するので，ユーザーは分析結果の活用に大いに苦しむことになる．現実の社会では変数間に相関関係があって当たり前で，無相関になる方がむしろ例外と思ってよい．そこで，分析データの具合が悪い（これを ill condition などという）ときの対策が必要になる．

ここでは，重回帰分析に先立ってマルチコを発見するための方法とマルチコを回避する方法を列挙してみよう．

## (1) マルチコの発見法
### ①相関行列の行列式が小さいとき

説明変数の相関行列を $R$, $R$ の固有値を $\lambda_1 \geq \lambda_2 \geq \lambda_3 \geq \cdots \geq \lambda_p$ とする. $R$ の行列式が $\det R = \lambda_1 \cdot \lambda_2 \cdot \lambda_3 \cdots \cdots \lambda_p$ で表されるという性質と, 偏回帰係数の推定値の分散が $\lambda$ の逆数の和で表されるという行列のスペクトル分解を利用すると, $\lambda$ の中に 0 に近いものがある場合, 偏回帰係数の推定値の分散が大きくなることがわかる (スペクトル分解については 281 ページ付録を参照).

このへんの理論は細かい話になるので, 深入りはさけて, 数値例で実際に評価してみよう. いかにも具合の悪そうな相関行列の実例を表 6.5 に示す.

$\det R = 0.000007$ であり, ゼロに近い. この行列はどこかに問題をかかえていて, このまま重回帰分析にかけるのはうまくないことがわかる.

### ② CN (Condition Number) が大きいとき

CN は $\lambda_1/\lambda_p$ で定義される. $\lambda_p$ が 0 に近ければ, この数値は大きくなる. 表 6.5 の場合は CN=237.5 で, やはりマルチコの存在が検出できる. しかし, CN を見ても, どの変数が犯人なのかまではわからない.

### ③ VIF (Variance Inflating Factor) が大きいとき

$VIF_j = 1/(1-r_j^2)$. ここで $r_j^2$ は $j$ 番目の説明変数を基準変数とし, 残りの説明変数を説明変数とした重回帰分析の決定係数を意味する. この指標は, 第 4 章の因子分析に出てきた SMC と同一のものである. つまり, 説明変数が互

表6.5 相関係数行列

| 変数名 | (1) | (2) | (3) | (4) | (5) | (6) |
|---|---|---|---|---|---|---|
| 1) プロっぽい | 1.000 | 0.545 | 0.404 | -0.262 | -0.218 | -0.006 |
| 2) カッコいい | 0.545 | 1.000 | 0.566 | 0.130 | -0.062 | 0.299 |
| 3) 好き | 0.404 | 0.566 | 1.000 | 0.644 | 0.468 | 0.836 |
| 4) かわいい | -0.262 | 0.130 | 0.644 | 1.000 | 0.638 | 0.757 |
| 5) 一般的 | -0.218 | -0.062 | 0.468 | 0.638 | 1.000 | 0.668 |
| 6) ミーハー | -0.006 | 0.299 | 0.836 | 0.757 | 0.668 | 1.000 |
| 7) 初心者 | -0.654 | -0.597 | -0.416 | 0.207 | 0.412 | -0.036 |
| 8) ダサイ | -0.536 | -0.570 | -0.772 | -0.397 | -0.036 | -0.444 |
| 9) 嫌い | -0.145 | -0.469 | -0.598 | -0.540 | -0.120 | -0.471 |
| 10) わからない | -0.136 | -0.083 | -0.655 | -0.616 | -0.612 | -0.734 |

| 変数名 | (7) | (8) | (9) | (10) |
|---|---|---|---|---|
| 1) プロっぽい | -0.654 | -0.536 | -0.145 | -0.136 |
| 2) カッコいい | -0.597 | -0.570 | -0.469 | -0.083 |
| 3) 好き | -0.416 | -0.772 | -0.598 | -0.655 |
| 4) かわいい | 0.207 | -0.397 | -0.540 | -0.616 |
| 5) 一般的 | 0.412 | -0.036 | -0.120 | -0.612 |
| 6) ミーハー | -0.036 | -0.444 | -0.471 | -0.734 |
| 7) 初心者 | 1.000 | 0.716 | 0.495 | -0.186 |
| 8) ダサイ | 0.716 | 1.000 | 0.803 | 0.208 |
| 9) 嫌い | 0.495 | 0.803 | 1.000 | 0.155 |
| 10) わからない | -0.186 | 0.208 | 0.155 | 1.000 |

いにどれくらいもたれあっているかを表している.

表 6.5 の場合は $VIF_1=5.957$, $VIF_2=3.086$, $VIF_3=32.279$, $VIF_4=9.075$, $VIF_5=3.500$, $VIF_6=9.602$, $VIF_7=8.850$, $VIF_8=17.132$, $VIF_9=6.498$, $VIF_{10}=5.616$ といずれも大きな値をとっている. 中でも3番目の「好き」という変数がほかの変数と最も関係が深いことがわかる. もしこの10個の変数の中から変数を1つだけカットするとしたら「好き」を外すのがよい. VIF はマルチコの発見法であると同時に, その対策も示唆してくれる指標である.

最近の重回帰分析の汎用プログラムでは, **回帰診断**

(regression diagnostic) と称して，①〜③のアウトプットを出してくれるものが増えてきている．

## (2) マルチコ対策
### ①事前スクリーニング法

説明変数データ行列 $X$ に関して，次のような予備分析を行って，変数を選択する．それを**スクリーニング**という．

- 質的データを数量化理論Ⅰ類で分析する場合には，属性相関を求めて $\chi^2$ 検定（カイ二乗検定）を行う．相関が有意な変数のペアについては，一方を除外する．たとえば社員調査では，社歴区分と年齢区分は属性相関が高いことが多い．
- 量的データの場合は，相関係数の有意性検定を利用して，同様にスクリーニングにかける．
- 上記した VIF を求めて，この数値の大きい変数を削除する．
- $X$ を因子分析または主成分分析にかけて $p$ 個の変数を空間にプロットする．そして位置の近い変数でグループを作り，それぞれの代表選手を選ぶ．この方法は，ビジュアルに変数の選択ができるのがよいところである．

以上の方法で，できるだけ相関の低い変数のセットを選んで行列 $X^*$ を作り，その $X^*$ を説明変数にして重回帰分析を行えばよい．スクリーニングによって，マルチコはかなり防げる．しかし，いくらうまく $X^*$ を選んだところ

で，説明変数が完全に直交化するわけではない．したがって，偏回帰係数を変数の重要性だとして素朴に解釈すると間違う危険性がある．しかも，スクリーニング段階でカットされた変数は，予測モデルではまったく利用されなくなる，という欠点もある．なお，事前スクリーニングの方法として，基準変数との単相関を利用しているユーザーもいるが，基準変数と無相関であっても，予測上役に立たないわけではない．基準変数と無相関な変数を加えることで決定係数が高まることもある．したがってこれは適切な変数選択法とはいえない．

②**変数選択法**

重回帰分析の過程で，コンピュータに自動的に変数を選択させる方法に，ステップワイズ回帰分析がある．分析変数全体の中から，決定係数やその他の基準を最適化するように説明変数を逐次的に選択する方法である．変数選択法は必ずしも変数間の相関に基づいてステップワイズ選択をしているわけではない．したがって，この方法を利用しても偏回帰係数が個々の説明変数固有のウエイトを意味することにはならない．またカットされた変数は，予測モデルではまったく考慮されなくなる，という欠点も①と同じである．

③**リッジ回帰**

ホーエルら（1970）が提案したリッジ回帰は，次の式によって偏回帰係数 $\boldsymbol{b}$ を推定しようというものである．

$$\boldsymbol{b} = (\boldsymbol{X}'\boldsymbol{X} + k\boldsymbol{I})^{-1}\boldsymbol{X}'\boldsymbol{y} \quad \cdots\cdots ④$$

要するに，相関行列の主対角要素に定数 $k>0$ を加えてリッジ（山並み）を作ることで，行列式の値を 0 から引き離し，それによって $b$ の平均誤差を小さくしようとする方法である．

リッジ回帰は観測値と予測値の残差の二乗和を $Q=e'e$ としたとき，$Q$ の最小化ではなく $Q+kb'b$ を最小にするような $b$ を推定する方法である．この第2項がペナルティとして働くことによって，多重共線性の場合に限らず $n<p$ のデータ行列の場合でも安定的な推定が可能になる．$k$ は $b$ を 0 に縮小させるパラメータであり，制約的な事前分布を与えるベイズ統計学によって推定できる．

④ **スペクトル分解**

これはケンドール（1975）によって提案されたもので，次のようにして $R$ の階数（rank）を低減させようとする方法である．

$$\hat{b} = \left( \sum_{j=1}^{p-1} \frac{1}{\lambda_j} u_j u_j' \right) X'y \qquad \cdots\cdots ⑤$$

ここで $u_j$ は $R$ の $j$ 番目の固有ベクトルである．要するにスペクトル分解の最後の項をオミットさせてしまえば，値が小さな $\lambda_p$ がなくなってしまうので，$\hat{b}$ の分散を抑えることができるだろう，というものである．ではなぜ $p$ 番目だけをカットして $p-1$ 番目までは採用するのか，といえばその根拠はあいまいである．このように限定せず，1番目から適当な $r$ 番目までを採用しようというのが，次の⑤〜⑦の方法である．

### ⑤ 主成分分析

スペクトル分解の発想を援用すれば，$R$ の固有値が実質的に 0 に近い主成分に対応する主成分係数を調べて除外変数を選択するという対策が考えられる．つまり固有値が

$$\lambda_1 > \lambda_2 > \cdots > \lambda_r > 0 \text{ で } \lambda_{r+1} \approx \lambda_{r+2} \approx \cdots \approx \lambda_p \approx 0$$

であるときに $r+1$ 番以降の主成分係数ベクトルはほぼ **0** ベクトルのはずである．もし，係数の中に 0 から離れた値の要素があればそれに対応する変数を除いて分析しようとする方法である．

### ⑥ 直交スコアリング法

$X$ を因子分析または主成分分析にかけて，因子得点行列 $F$，または主成分スコア行列 $Z$ を求める．$F$ も $Z$ も直交スコアになる．これらのスコアを説明変数にして重回帰分析を行う．直交スコアリング法では，$F$ とか $Z$ といった潜在変量または合成変量に対して，重みを推定する．しかし，潜在変量にしろ合成変量にしろ要因としてスッキリ解釈できることは少ない．というのは，因子が明瞭な単純構造をしていたり，主成分がマーケティング・アクションに結びつけて解釈できる，という事態は稀だからである（単純構造については因子分析の章を参照のこと）．

解析的な立場からすると $X$ の各列がそれほど独立であったり，逆に明瞭に一次従属であるならば，そもそも因子分析や主成分分析にかける必要があるのか，ということになろう．

### ⑦直交配列

 これは説明変数が直交するように,計画的にデータを発生させる方法である.直交化という意味では直交スコアリング法と似ているが,ここでいう変数は潜在変量でも合成変量でもなく,オリジナルの説明変数であるところが異なる.

 したがって,分析結果の解釈がストレートになり,偏回帰係数を常識的に考える意味でのウエイトと解釈しても,そう誤りではなくなる.このような利用上の長所がある反面,フィールドでたまたま集まってしまったデータから**直交配列**に合ったデータ行列を作るには,データの一部を削除したり,足りないデータを追加したりだの,かなりの加工を必要とする.

 むしろ,実験室的な調査や試用テストのように,あらかじめ実験条件をコントロールしながらデータを収集できる場合に向いている.直交配列では,特にアデルマン(1962)の非対称直交配列が有力な方法論である.これは,説明変数によってカテゴリー数が違っていてもよいし,しかも各カテゴリーに割り当てられるデータ数は均等でなくても許される,という方法である.ユーザーにとっては直交配列が,かなり広範に利用できるようになってきた.

### ⑧直交化予測法

 まず原データを主成分分析や因子分析などの多変量解析を用いて直交化した上で,この直交化された説明変数空間に基準変数を回帰させて予測しようとする方法である.直

イ) 偏回帰係数

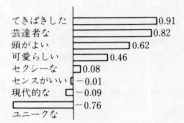

ロ) 主成分への回帰による各説明変数の重み
（これを RPC ウエイトと呼ぶ）

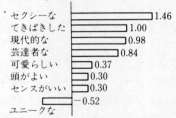

出所：朝野（1995）

図 6.7 タレントへの好みを決めるイメージ

交化予測法にはいくつものバリエーションが提唱されているが，なかでもよく知られているのが「**主成分への回帰**」RPC（Regression on Principal Component）である．わが国では，朝野（1995）の応用例のように，単純に原データに回帰した場合よりも，解釈度の高い結果が得られることもある．図 6.7 に RPC の事例を示す．主成分スコア行列

が $F=XW$ で与えられたとする（第3章の付記の記号を用いる）. $F$ によって基準変数 $y$ を予測する偏回帰係数を $\hat{b}$ とすれば $y$ の予測値は次式のように表現できる.

$$\hat{y} = F\hat{b} = XW(F'F)^{-1}F'y \qquad \cdots\cdots ⑥$$

図6.7にかかれたRPCウエイトというのは⑥式の $g=W(F'F)^{-1}F'y$ のベクトルをさす.

### ⑨線型モデルを使わない

最後の手段が重回帰分析を使わないことである. マルチコだということは, 主効果の加法モデルが適合しないということであるから, 重回帰分析の利用をあきらめてしまうのである. では, 代わりに何をすればよいかについては9.4節で述べることにしたい.

# 第7章 正準相関分析と判別分析
## ——多変量解析の総本山に迫る

　正準相関分析のように，理論的には重要であるにもかかわらず，一般的にはほとんど使われていない方法というのも珍しい．実はこの分析法は論理的な意味で多変量解析の総本山といえるのである．

---

- ●われわれのよく利用する多変量解析は，そのほとんどが正準相関分析に理論的基礎をおく．たとえばコレスポンデンス分析も数量化理論Ⅲ類も判別分析もすべて正準相関分析の特殊な場合にあたる
- ●したがって，多変量解析の理論を知りたければ，正準相関分析をマスターするのが近道だ
- ●判別分析の事例を紹介し，この方法を適用する上でしばしば生じるマルチコという問題の対策を述べる

---

## 7.1 孫悟空の世界

「西遊記」という中国の昔話に，孫悟空という暴れん坊の

猿が出てくる．孫悟空が，世界の果てまで飛んで行けると自慢して，お釈迦様の掌から飛び出した……という話を覚えているだろうか．きん斗雲に乗って世の果てまで飛んで行き，大空の果てに立っていた5本の大きな柱におしっこをかけて戻って来たら，それがお釈迦様の指であった……という話である．

われわれの多変量解析の旅でいえば，正準相関分析がまさにお釈迦様の掌に相当する．

図7.1を見てもらいたい．実に数多くの分析法が，正準相関分析というたった1つの分析法をルーツとして，その特別な場合として位置づけられることがわかる．

正準相関分析は，2組のデータ行列の一次結合によって定められる2つのベクトルの相関を最大化する，という原理に基づく分析法である．

2組のデータ行列のそれぞれの変数の数がいくつか，ということと分析データが量的なのか質的なのか，という形式的な違いによって，さまざまな分析法に分かれる．その場合分けを表7.1に示した．この表では下三角行列の欄を空欄にしているが，それぞれ対称の位置にある組み合わせと等しい分析方法だと考えてよい．たとえば同表の★の組み合わせは基準変数を $y$ でなく $x$，説明変数を $X$ でなく $Y$ と呼んだときの重回帰分析に相当する．変数をどう呼ぼうが本質的な違いではない．

● 図7.1のどの分析法も次節で述べる正準相関最大化原理という，ただ1つの原理に従っている．

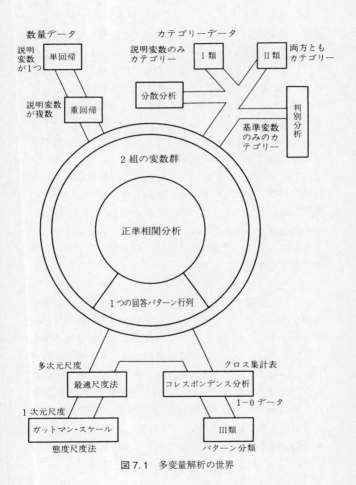

図 7.1 多変量解析の世界

表7.1 2組のデータの性質による多変量解析の分類

|  |  | 1つ ($x$) | | 多数 ($X$) | |
|---|---|---|---|---|---|
|  |  | 量 | 質 | 量 | 質 |
| 1つ ($y$) | 量 | 単回帰分析 | 相関比 | 重回帰分析 | 数量化理論Ⅰ類 分散分析 (ANOVA) |
|  | 質 |  | クロス集計 | 判別分析 | 数量化理論Ⅱ類 |
| 多数 ($Y$) | 量 | ★ |  | 正準相関分析 | 多変量分散分析 (MANOVA) |
|  | 質 |  |  |  | コレスポンデンス分析 数量化理論Ⅲ類 |

● 原理が等しい以上,図7.1のすべての分析は,正準相関分析のプログラムがあれば実行できるし,解も実質的に等しい……という驚くべき関係がある.

つまり,読者は正準相関分析1つを学べば,あらかたの多変量解析の理屈はいっぺんにわかってしまうので各分析法の理論を1つ1つ学ぶ必要はない,という誠にオイシイ話になるのだ.

このように原理的に等しいものに違った名称をつけるのは,煩わしいだけではないか,と思われるかもしれない.それは,結果論では孫悟空と同じことで後になってみれば,図7.1のような整理もできる……ということなのである.

しかも歴史的には,必ずしも系統的な脈絡に沿って分析法の開発が行われたわけではなく,世界各国のさまざまな探検者達が,違った文脈の下でそれぞれの分析法を掘りあ

ててきた，というのが実情である．

## 7.2 正準相関分析のイメージ

第6章と同様，グラフィカルなイメージで，正準相関分析を説明しよう．まず図7.2は行列 $X$ と $Y$ で生成される2つの空間 $S(X)$ と $S(Y)$ の上を，線型モデルによるベクトル $f$ と $g$ が自由自在に動き回っている様子を示している．

次に $f$ と $g$ が最も接近した状態で，これら2つのベクトルをストップさせたのが図7.3のイ）である．このときベクトル $g$ の真下には $f$ が，$f$ の真上には $g$ がきて，2つのベクトルのなす角度 $\theta$ が最小になる．

この絵を見て，「それは当たり前じゃないか！」と思ってもらえれば，それで十分だと思う．

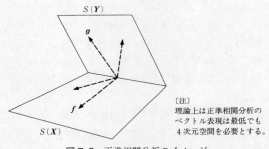

〔注〕
理論上は正準相関分析の
ベクトル表現は最低でも
4次元空間を必要とする．

**図7.2　正準相関分析のイメージ**

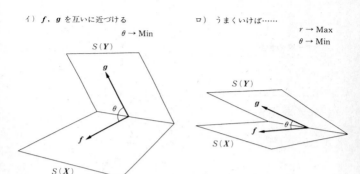

図7.3　正準相関の最大化

　もともと, $S(X)$ と $S(Y)$ の空間は $X$ と $Y$ から確定したわけだから, $f$ と $g$ をできるだけ接近させたくても, おのずから限度というものがある. その限度が図7.3のイ）だと思ってもらえればよい.

　だから, もともと $S(X)$ と $S(Y)$ の両空間が接近していれば図7.3ロ）のような状況になり, $f$ と $g$ も大接近！ したがって $\theta$ もごく小さくなる. $f$ と $g$ の相関係数 $r_{fg}$ が $\cos\theta$ と等しいことも第6章の重回帰分析のケースと等しい. 最小二乗法と同様にして, 以上のストーリーをまとめると, 次のようになる.

> 正準相関最大化原理
> $f$ と $g$ を近づける $\Rightarrow \theta$ が小さくなる
> $\Rightarrow f$ と $g$ の相関係数 $r_{fg}$ が最大になる

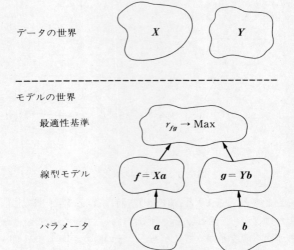

図 7.4　正準相関分析のデータ理論

$f$ と $g$ の相関係数を**正準相関係数**と呼ぶが,これを式で表せば次の通り.

$$r_{fg} = \cos\theta = \frac{(f, g)}{\|f\|\|g\|} \quad \cdots\cdots ①$$

ここにも内積 $(f, g)$ が出てくる.①式分母の $\|f\|, \|g\|$ は,$r$ の上限を1に抑えるための調整項と考えることができるから,要は分子の $(f, g)$ を大きくしたいのだ.

以上の流れを図解したのが図 7.4 であり,多変量解析の論理的な発展を図 7.5 に示す.相関係数の考え方を自然に

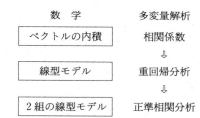

図 7.5 多変量解析の論理の発展

発展させれば,正準相関分析に行き着くことがわかるだろう.もっと発展させれば,次の問題は "2組" から "$m$組" の線型モデルの扱いに移るはずだ,ということも予想できよう(この予想は正しい).図 7.4 からわかるように,2組の一次結合,$f = Xa$ と $g = Yb$ の内積を最大化するに当たっては,データ行列の $X$ と $Y$ にはいっさい手をつけないで,パラメータの $a$ と $b$ だけを調整しているのである.正準相関係数の最大化は無理やり $S(X)$ と $S(Y)$ を引き寄せ合っているように思われるかもしれないが,決してデータそのものに手を加えているわけではない.

**コレスポンデンス分析との関係**

図 7.1 に戻って眺めてもらいたい.正準相関分析が 2 組の変数群の間の正準相関を最大化しているという意味で,この図の上半分の樹形図は納得しやすいだろう.

問題は,この図の下半分の,「1 つの回答パターン行列」から出発する分析法まで,なぜ正準相関分析と同一の分析原理に従っているのか,という点である.

**表 7.2** 5人の男女に好きな飲み屋を聞いた数値例
（回答パターン行列 $D$）

|   | 居酒屋 | スナック | カラオケ |
|---|---|---|---|
| 男 | 2 | 1 | 0 |
| 女 | 0 | 1 | 1 |

表 7.2 に示す回答パターン行列（これを $D$ と呼ぶ）をもとに，これをコレスポンデンス分析した解と正準相関分析が一致することを確かめてみよう．

同じデータをコレスポンデンス分析と正準相関分析で分析する．まず，表 7.2 のデータを正準相関分析にかけるために，回答パターン行列 $D$ の情報を 2 組のダミー変数データ行列に変換しよう．それは「性別の情報」と「飲み屋の情報」への分解である．

$$X = \begin{bmatrix} 1 & 0 \\ 1 & 0 \\ 1 & 0 \\ 0 & 1 \\ 0 & 1 \end{bmatrix} \quad Y = \begin{bmatrix} 1 & 0 & 0 \\ 1 & 0 & 0 \\ 0 & 1 & 0 \\ 0 & 1 & 0 \\ 0 & 0 & 1 \end{bmatrix}$$

（性別：男 女／飲み屋：居 ス カ）

上記の 2 つの行列は行の並びがいずれも 5 行で対応している．この"5"という数は，表 7.2 の 5 人に対応している．あるいは行列 $D$ の総回答件数（2+1+1+1）と考えてもよい．

## 7.2 正準相関分析のイメージ

**表7.3** 表7.2のデータの分析結果

|  | コレスポンデンス分析 | | 正準相関分析 | |
| --- | --- | --- | --- | --- |
|  | カテゴリースコア | 平均偏差 | カテゴリースコア | 平均偏差 |
| 男　　性 | 0.816 | 1.021 | 1 | 0.5 |
| 女　　性 | −1.225 | −1.021 | 0 | −0.5 |
| 居 酒 屋 | 1.069 | 1.336 | 1.309 | 0.654 |
| スナック | −0.267 | 0 | 0.655 | 0 |
| カラオケ | −1.604 | −1.336 | 0 | −0.654 |
| 固 有 値 | 0.583 | | 0.583 | |

行列 $X$ の1行目のベクトル [1 0] は男性であること，行列 $Y$ の1行目の [1 0 0] は居酒屋であることを表している．この2つをあわせていえば，「男性で居酒屋が好きな人が1人いる」という情報を意味する．2行目以下も同様である．

以上で分析データが整ったので，2通りの方法で分析した結果を表7.3に示そう．この表で固有値というのは，正準相関係数の二乗を意味する．

2つの分析結果のカテゴリースコアを平均偏差化して比較したのが図7.6である．コレスポンデンス分析と正準相関分析の解は完全に比例していることがわかるだろう．スコアの分散を規準化すれば，両方法の解は一致する．

「たまたまこの数値例だけ解が一致したのではないか？」と疑う人もいるかもしれない．そこで，この2つの方法では最大化しようとしている目的関数が同一であることを示しておこう．

正準相関係数の最大化は，規準化の項を別にすれば実質

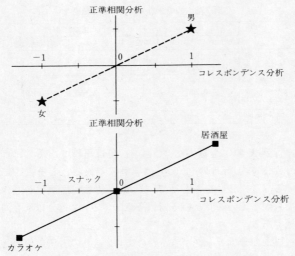

図7.6 コレスポンデンス分析と正準相関分析の解

上①式の分子の $(f, g)$ を最大化することと等しい。この内積の具体的な内容を書き下すと、$f = Xa, g = Yb$ であったから、

$$(f, g) = a'X'Yb \qquad \cdots\cdots ②$$

そこで、カテゴリー・スコアの $a$ と $b$ ではさまれた行列 $X'Y$ が何になるのかを174ページのデータをもとに計算してみよう。

$$X'Y = \begin{bmatrix} 1 & 1 & 1 & 0 & 0 \\ 0 & 0 & 0 & 1 & 1 \end{bmatrix} \begin{bmatrix} 1 & 0 & 0 \\ 1 & 0 & 0 \\ 0 & 1 & 0 \\ 0 & 1 & 0 \\ 0 & 0 & 1 \end{bmatrix} = \begin{bmatrix} 2 & 1 & 0 \\ 0 & 1 & 1 \end{bmatrix}$$

何と！ $X'Y$ は，表7.2の回答パターン行列 $D$ に一致するではないか．つまり，②式の最大化と $a'Db$ の最大化は同じ目標を指している．このことから，コレスポンデンス分析と正準相関分析の解が原理的に等しいという理由が納得してもらえるだろう．

## 7.3 数量化理論II類によるチャネルの分析

朝野（1977）の報告事例に沿って某食品メーカーのチャネル調査の結果を紹介しよう．小売店が自社の缶入りジュースを取り扱っているか否か，そして取り扱い意向を決定している要因は何かを探ることがリサーチの課題であった．分析変数を表7.4のように計画して判別分析を行い，「積極扱い店」「消極扱い店」のグループ分けがどういう変数から決定しているのかを分析した．説明変数がカテゴリーであるから，通常の判別分析ではなく林（1952）の数量化理論II類を用いた．

分析結果は図7.7，7.8に見る通りであった．このメーカーの缶入りジュースは大型店ほど積極的に売られている．そして「店舗面積」や「従業員規模」よりも「地域」

表7.4 数量化理論II類の分析変数

| | 内容 | カテゴリーナンバー | カテゴリー |
|---|---|---|---|
| 基準変数 | 販売意向 | 1<br>2 | 積極的に販売していく<br>あまり力を入れない |
| 説明変数 | 地域 | 1<br>2<br>3 | 東京<br>大阪<br>名古屋 |
| | 業種 | 1<br>2<br>3<br>4<br>5 | 各種食料品小売業<br>酒・調味料小売業<br>野菜・果実小売業<br>菓子・パン小売業<br>その他の飲食料品小売業 |
| | 従業員規模 | 1<br>2 | 1〜4人<br>5人以上 |
| | 立地条件 | 1<br>2 | 団地・新開住宅地区<br>その他 |
| | 店舗面積 | 1<br>2<br>3<br>4 | 小<br>中<br>大<br>特大 |

や「立地条件」の効き方が弱い．ということはエリアの違いを問わず，大型店には同社のチャネル・マーケティングが成功していると考えられる．

このようなことは2重クロス，3重クロスというように集計をたくさんとってみればわかるかもしれないが，もっと説明変数を増やすことになればクロス集計表は膨大になって，見通すことが難しい．しかも，図7.8のような説明変数の重要度は，クロス集計表を眺めているだけでは評価

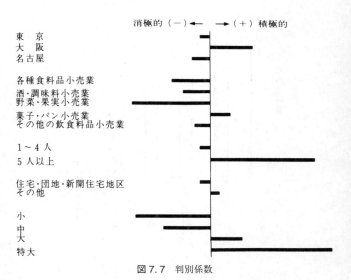

図7.7 判別係数

できない.このような理由で判別分析が役立つのである.

## 7.4 判別分析におけるマルチコ対策

第6章の重回帰分析でとりあげたマルチコ(多重共線性,multicollinearityの略)は,判別分析でも問題になる.

ここでは説明変数群から一部の変数を取り除く,という対策をとってみよう.6.3節で述べた事前スクリーニング法である.

320人の女性に清涼飲料が好きかどうかをたずねたとこ

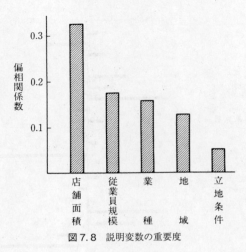

図7.8 説明変数の重要度

ろ,清涼飲料ファンは210人,非ファンは110人であった.これを基準変数とした判別分析を次の手順で2ケース行った.まずケース1では,「清涼飲料の一週間当たり飲用回数」,「清涼飲料イメージ」など17変数を説明変数として,そのままストレートに判別分析にかける(判別の対象となる群の数が3つ以上の場合の判別分析の方法に**重判別分析**(multiple discriminant analysis)がある.判別分析というのは手法的にも広義のグループ名称である).

ケース1によって得られた判別係数の一部を表7.5に示した.①清涼飲料をよく飲むこと,②清涼飲料に「近代的なイメージ」をもっていることがファン化にプラスに作用

表7.5 ケース1の結果

| | 説明変数 | 判別係数 |
|---|---|---|
| ① | 5回以上<br>4回以下 | 0.23<br>−0.26 |
| ② | 近代的<br>近代的でない | 0.14<br>−0.27 |
| ③ | 純粋な<br>不純な | −0.09<br>0.15 |

するのは理解できるとして,③「不純なイメージ」をもっている方が清涼飲料ファンになる,というのはおかしい.実際,原データのクロス集計をみると,「純粋な」と思う人の70%が清涼飲料ファンであるのに対して,「不純な」と思う人ではこの率が58%に下がる.

図7.9のように判別係数と対照してみると,確かに両者は矛盾していることがわかる.

そこでケース2では説明変数のスクリーニングを行った.まず17個の説明変数を因子分析し,因子空間で近い所に位置する変数をカットし,最終的に5つの変数を選んだ.これを用いて再び判別分析した結果が表7.6である.「不純なイメージ」の判別係数は0に近くなり,無視できるほどの解になった.その意味で判別分析の解釈度はケース1より向上している.

以上の検討から次の2つの教訓が得られる.

- 判別分析を用いる場合は,いきなり分析してしまう前に,因子分析などを使って説明変数をふるいにかけるの

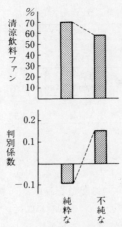

**図 7.9** 原データのクロス集計と判別係数との矛盾

**表 7.6** ケース 2 の結果

| | 説明変数 | 判別係数 |
|---|---|---|
| ① | 5 回以上 | 0.01 |
| | 4 回以下 | −0.01 |
| ② | 近代的 | 0.06 |
| | 近代的でない | −0.11 |
| ③ | 純粋な | +0.00 |
| | 不純な | −0.00 |

が望ましい.

- 表 7.5 と 7.6 を比較すればわかるように, 判別分析の結果は, 分析変数の組み合わせを変えれば変動してしまう. したがって分析を 1 回しただけで, 最終的な結論を

下してしまうのは危険である．説明変数の組み合わせを変えながら分析を繰り返し，結果が安定しているかを確かめる必要がある．

## 第8章 コンジョイント分析
### ――新製品のコンセプトを開発する

　コンジョイント分析は終わりの言葉に属する代表的な多変量解析法である．製品のコンセプトを開発するに当たっては，消費者にとって効用が最大になるようなコンセプトが発見できれば望ましい．そのための有力な探索システムがコンジョイント分析である．

　欧米では1970年代から，また日本の産業界では，1980年代から具体的なマーケティング課題への適用がはじまって，今日に至っている．

　コンジョイント分析の特徴は，次のように要約できる．

- ●システマティックな新製品コンセプトの開発
- ●ホンネにせまる行動分析
- ●シミュレーションによる最適コンセプトの探索

### 8.1　コンジョイント分析の思想

これまでの消費者分析は**多属性態度アプローチ**という方

法論が主流であった．コンジョイント分析の方法論はその正反対の立場をとっているため，コンジョイント分析を使う時には，従来的な発想からの転換が必要になる．

多属性態度アプローチでは，商品選択の個別の理由を知って全体に積み上げるという，理詰めの方法をとっていたのに対して，コンジョイント分析では全体から部分に分解する，という逆のアプローチをとる．消費者に「価格」は，「品質」は，と理由ごとに最適値を聞いていっても，製品化に役立つ情報は得られないだろう．「高品質で無料の商品なら欲しいね」という当然の答えなど聞く必要もない．

多属性態度アプローチの理論は 29 を 3 倍して 87 を求める，という素朴な積算に相当するが，コンジョイント分析の論理は素因数分解に相当する．したがってコンジョイント分析の方が，難しい問題を扱っていることになる．

さらにコンジョイント分析は消費者のオピニオン（意見）は聞かない，という立場をとる．最近のマーケティング界では，「消費者が何を求めているかは消費者自身にさえわからなくなってきている」という認識が広がりつつある．そこでいっそのこと意見を聞くことを止めて，選択行動だけを観察しようという考え方が出てきたのである．これが行動分析である．

消費者に商品選択の理由をたずねると，「性能が優れているから」とか「メーカーが信頼できるから」，といったタテマエしか答えてくれない．目玉商品を買いあさっている人でさえ，このようにステレオタイプの回答をすることが

表 8.1 消費者分析の2つのアプローチ

| 多属性態度アプローチ | コンジョイント・アプローチ |
| --- | --- |
| 理由を聞いて ⇒ 積み上げる | 結果を観察して ⇒ 理由を知る |
| 部分から全体へ | 全体から部分へ |
| 乗積の論理　29×3=87 | 因数分解の論理　87=29×3 |
| オピニオン・サーベイ | 行動分析 |
| 理性的・タテマエ志向 | 感性的・本音志向 |

多い. 企業としては, このような声を真に受けるわけにはいかない. 価格問題についても,「商品の値段は高い方がいいですか, それとも安いほうがいいですか？」などと意見を聞いたところで, 企業のプライシング戦略に役立つはずがない. タテマエの答えからは具体的な製品化戦略に役立つ情報など出てこないのだ.

「意見は聞かないコンジョイント分析」という指導理念からもわかるように, コンジョイント分析は従来の消費者分析とは異なる思想をもっている. 従来のアプローチが理性重視でタテマエ志向だったのに対して, コンジョイント分析は感性重視であり, ホンネを求めるアプローチを目指しているといえよう.

以上の対比を整理すると, 表8.1のようになる. 消費者の回答を鵜呑みにしないドライな方法論がコンジョイント分析の特徴である.

## 8.2 コンジョイント分析はこう進める

次に,コンジョイント分析を応用する上でのポイントを述べておこう.コンジョイント分析の最大の主張は,「コンセプトを決める前にコンジョイント分析を行え」という点につきる.つまり,コンジョイント分析は結論が出されてからの理由づけに使う方法ではなく,その結論を導く方法と位置づけられているのである.

コンジョイント分析の進め方を図8.1に示す.このようなシステマティックなフローに沿って,最適コンセプトの探索を行う.

コンジョイント分析の成否を決めるポイントは,計算の実行そのものではなく,データを集める仕掛けと分析結果の活用法にある.コンジョイント分析は,何となく集まってしまった「ありあわせのデータ」を解析する道具ではないことに注意してもらいたい.

### (1) 調査対象者の選び方

- 新製品や新サービスの想定ユーザーに的を絞って,ターゲット・サンプリングを行う.
- 消費者の**部分効用関数**(パート・ワース・ファンクションともいう)がマーケットによって異質であると想定されるときは,マーケット・セグメントごとに対象者を割り当てて調査する.

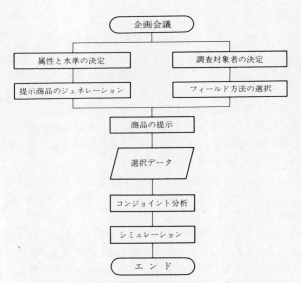

図 8.1 技法の進め方-フローチャート

## (2) 属性と水準の決め方

● コンジョイント分析では,製品のスペックを記述する変数のことを「**属性**」と呼んでいる.そしてその具体的な値を「**水準**」と呼んでいる.

属性も水準も,いずれは製品の設計に反映させなければならないので,抽象的だったり,あいまいだったりしてはならない.たとえば,菓子の新製品を開発しようというときに「おいしい菓子」などという水準を設定しても意味がない.製造技術者が知りたいのは,どのような

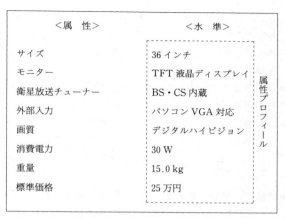

図8.2 カラーテレビの製品コンセプトの一例

製品を作ればおいしくなるのか,という情報だからである.

- 「属性」と「水準」の組み合わせで記述された「属性プロフィール」は,**製品コンセプト**にほかならない.考えてもらいたい.もし既存品と属性プロフィールが同一の製品だとしたら,一体どこが新製品だというのだろうか.

製品コンセプトをこのように定義するところに,コンジョイント分析の特徴がある.カラーテレビの製品コンセプトの一例を図8.2に示すので,属性とは何か,水準とは何かを理解してもらいたい.

- 属性の数は,情報を処理し選択判断を行う人間の能力の範囲内でなければならない.これまでの実証研究から属

性数は5つ前後が適当であって,むやみに属性を増やすと情報が多すぎて混乱してしまい,かえって少数の属性に消費者の注意が集中することが知られている〔マルホトラ(1982)〕.
● 水準数は3つ前後が適当である.属性によって,2水準や3水準,4水準が混在しても差し支えない.
● 具体的な水準は,自社ないし競合他社が実際にとり得るスペックに設定するのが,アクション・オリエンテッドでよい.できもしない空想的な水準を設定しても役に立たない.
● 数量的な属性の重要度は,調査の企画段階で設定した水準の変動レベルに依存することに注意しなければならない.たとえば価格の最低水準と最高水準の比が1.5倍なら,その他の量的属性も1.5倍にした方がよい.なぜなら,変化の比率を大きく設定すると,その属性の重要度が大きく評価されがちだからである(属性の重要度の計算方法は,図8.8の下に示す).逆に,自動車の価格の水準を,「197万100円」「197万200円」「197万300円」などと小さな変動係数で設定すれば,自動車の購入に当たってユーザーは価格は気にとめない,などという結論が出てしまう.自動車を買うのに100円や200円の差が何だというのだ! この「消費者は価格なんて気にしない」という結論だけが独り歩きすると,営業担当が文句をつけたくなるのは当然のことだろう.

## (3) 提示コンセプトの作り方

直交配列によって割りつけるのがよい．直交配列の概念図を図8.3に示す．

直交配列がよいという理由をあげると……

- 水準をすべて組み合わせてコンセプトを作ると，組み合わせ数が多くなり過ぎて，そのすべてについて調査対象者が丁寧に判断することが不可能になる．
- 属性のすべての組み合わせについて属性間の相関がゼロになるため，望ましい状態で効用関数の推定が行える．

直交配列によってコンセプトを作ると，中には非現実的な組み合わせも出てくるが，パラメータの推定値はかえって現実的になる〔朝野 (1979)〕．グリーンら (1988)，ムーアら (1990) の実証研究によれば，直交配列を用いた方が，市場に存在する商品だけを提示するよりも，商

総組み合わせ空間

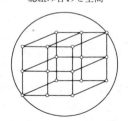

○がコンジョイント分析で調査
対象者に提示するコンセプト

図8.3 直交配列の概念図

品の選択行動の予測精度が高くなることが報告されている.
- 直交配列は,コンセプトの総組み合わせ空間から偏りのない系統無作為抽出をしたことに相当する.したがって分析結果を用いて,総組み合わせ空間におけるシミュレーション分析を行うのに適している.
- コンセプトの抽出効率が高い.たとえば3水準の属性が7つの場合,総組み合わせは$3^7=2187$通りになるが,直交配列を使えば18通りのコンセプトを提示すれば済む.カーモンら(1978)は,直交配列を使うかぎりコンセプト数を減らしても解の再現性がほとんど変わらないことをモンテカルロ法によって示している.

## (4) 製品コンセプトの提示法

具体的なマテリアルを用意して,できるだけリアリティの高いコンセプト表現に努めるべきである.可能なら,新製品のプロトタイプや試作品を提示するとよい.
- 飲食料品なら実際に飲ませ,食べさせる.
- 衣服や家具の手ざわり(テクスチャー)が問題なら,実際に触らせる.
- 不動産なら,建築模型や床材見本などを見せる.
- 価格の属性が入っている場合は,トークンやチップを使って模擬ショッピングさせる.このような調査法をSTM(シミュレーテッド・テスト・マーケティング)と呼んでいる.

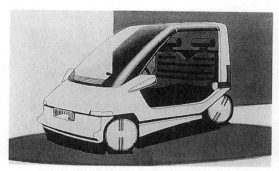

図8.4 コンジョイント分析の提示カードの例

- 製品デザインのためのリサーチの場合はイメージ・スケッチを提示するとよい．イメージ・スケッチの例を図8.4にあげる．

要するに，消費者と製品プランナーとの間でコミュニケーションが成立しなければ，開発に役立つ情報などを得られるはずがない．

(5) 判断データ

- 選好順位ではなく，購入順位で判断させる方がよい．オピニオンを聴取することより，行動的メジャーを重視するのが，最近のマーケティング・リサーチの傾向である．
- 順位法で提示コンセプトをランキングさせる方が情報量が多くてよい．しかし提示コンセプトの順位づけさえできればよいのであって，7段階評定尺度や一対比較法な

ど，どのようなデータのとり方をしてもよい．ただし，問題の商品に対して知識や関心が低い人の場合は，順位法と評定尺度法では分析結果が異なるという事例も報告されている〔池田ら (1991)〕．
● グリーンとウィンド (1973) の 2 段階法（two-stage procedure）といって，「買いたい」か「買いたくない」か「どちらともいえない」かでまず 3 分類した上で，詳しく購入順序をつけてゆく手順が有効である．

## 8.3 コンセプト・ジェネレーション

### (1) 直交配列表の使い方

表 8.2 にアデルマン (1962) の直交配列表の一例を示した．このデザインを用いれば，たいていの実務場面でコンジョイント分析の課題に対応できる．たとえば 4 水準の属性が 2 つ，3 水準の属性が 1 つ，2 水準の属性が 6 つというような組み合わせでも，この表に割りつけられる．このときのコンセプトの総組み合わせ数は，$4^2 \times 3 \times 2^6 = 3072$ 通りになるが，表 8.2 を使えば，それを 16 通りのコンセプトに絞りこむことができる．

これを，全体集合からコンセプトをサンプリングする問題として考えれば，0.52% 抽出という抽出率となる．極めて効率のよいコンセプト抽出法といってよい．

**表 8.2 の直交配列表の使い方**

① もし 4 水準の属性があったら，イ）の表のどれかの列に

## 表 8.2 汎用性の高い直交配列表

### イ) $4^5$ 型直交配列表

| | 属 | | 性 | | |
|---|---|---|---|---|---|
| | 1 | 2 | 3 | 4 | 5 |
| 1 | 1 | 1 | 1 | 1 | 1 |
| 2 | 1 | 2 | 2 | 2 | 2 |
| 3 | 1 | 3 | 3 | 3 | 3 |
| 4 | 1 | 4 | 4 | 4 | 4 |
| 5 | 2 | 1 | 2 | 3 | 4 |
| 6 | 2 | 2 | 1 | 4 | 3 |
| 7 | 2 | 3 | 4 | 1 | 2 |
| 8 | 2 | 4 | 3 | 2 | 1 |
| 9 | 3 | 1 | 3 | 4 | 2 |
| 10 | 3 | 2 | 4 | 3 | 1 |
| 11 | 3 | 3 | 1 | 2 | 4 |
| 12 | 3 | 4 | 2 | 1 | 3 |
| 13 | 4 | 1 | 4 | 2 | 3 |
| 14 | 4 | 2 | 3 | 1 | 4 |
| 15 | 4 | 3 | 2 | 4 | 1 |
| 16 | 4 | 4 | 1 | 3 | 2 |

デザイン　サイン　ネーミング　商品コンセプト

### ロ) $2^{15}$ 型直交配列表

| | 属 | | | | | | | 性 | | | | | | | |
|---|---|---|---|---|---|---|---|---|---|---|---|---|---|---|---|
| | 1 | 2 | 3 | 4 | 5 | 6 | 7 | 8 | 9 | 10 | 11 | 12 | 13 | 14 | 15 |
| 1 | 1 | 1 | 1 | 1 | 1 | 1 | 1 | 1 | 1 | 1 | 1 | 1 | 1 | 1 | 1 |
| 2 | 1 | 1 | 1 | 1 | 1 | 1 | 1 | 2 | 2 | 2 | 2 | 2 | 2 | 2 | 2 |
| 3 | 1 | 1 | 1 | 2 | 2 | 2 | 2 | 1 | 1 | 1 | 1 | 2 | 2 | 2 | 2 |
| 4 | 1 | 1 | 1 | 2 | 2 | 2 | 2 | 2 | 2 | 2 | 2 | 1 | 1 | 1 | 1 |
| 5 | 1 | 2 | 2 | 1 | 1 | 2 | 2 | 1 | 1 | 2 | 2 | 1 | 1 | 2 | 2 |
| 6 | 1 | 2 | 2 | 1 | 1 | 2 | 2 | 2 | 2 | 1 | 1 | 2 | 2 | 1 | 1 |
| 7 | 1 | 2 | 2 | 2 | 2 | 1 | 1 | 1 | 1 | 2 | 2 | 2 | 2 | 1 | 1 |
| 8 | 1 | 2 | 2 | 2 | 2 | 1 | 1 | 2 | 2 | 1 | 1 | 1 | 1 | 2 | 2 |
| 9 | 2 | 1 | 2 | 1 | 2 | 1 | 2 | 1 | 2 | 1 | 2 | 1 | 2 | 1 | 2 |
| 10 | 2 | 1 | 2 | 1 | 2 | 1 | 2 | 2 | 1 | 2 | 1 | 2 | 1 | 2 | 1 |
| 11 | 2 | 1 | 2 | 2 | 1 | 2 | 1 | 1 | 2 | 1 | 2 | 2 | 1 | 2 | 1 |
| 12 | 2 | 1 | 2 | 2 | 1 | 2 | 1 | 2 | 1 | 2 | 1 | 1 | 2 | 1 | 2 |
| 13 | 2 | 2 | 1 | 1 | 2 | 2 | 1 | 1 | 2 | 2 | 1 | 1 | 2 | 2 | 1 |
| 14 | 2 | 2 | 1 | 1 | 2 | 2 | 1 | 2 | 1 | 1 | 2 | 2 | 1 | 1 | 2 |
| 15 | 2 | 2 | 1 | 2 | 1 | 1 | 2 | 1 | 2 | 2 | 1 | 2 | 1 | 1 | 2 |
| 16 | 2 | 2 | 1 | 2 | 1 | 1 | 2 | 2 | 1 | 1 | 2 | 1 | 2 | 2 | 1 |

イ)の1　イ)の2　イ)の3　イ)の4　イ)の5

注：使用済みの列

その属性を割りつける．……本当は1〜5のどの列でも構わないが，説明のしやすさのため，1列目から順に使用することにしておこう．

② 次に3水準の属性があったら，イ）の表の残っている属性に割りつける．ただし水準数が異なるので，4水準を3水準に「マージング」する．「マージング」というのは，たとえば水準番号の3と4を合併して，新しく第3水準として取り扱うことを指す．1〜4の水準のどの2つの水準をマージングしても構わない．ただし，マージングした水準については，提示コンセプト数がほかの水準よりも増えるので，構想中の水準をそこに割りふったり，市場における最もスタンダードな水準を割りつけるとよい．

③ もし2水準の属性が出てきたら，ロ）の表に移って残っている属性の中から適当に選んで割りつける．ただし，すでにイ）の表でいくつかの属性を使用済みの場合は，ロ）の欄外に注記しているイ）と対応した列は使用できない．残っている列を利用すること．

④ 表8.2の属性で，未使用の欄が出てきても差し支えない．つまり，使い残しの列があっても悪影響はない．

## (2) 属性間に相関がある場合の対策

水準の総組み合わせをとったり，あるいは直交配列を用いた場合は，実際には実現できないコンセプトが出てくることもある．たとえば図8.5の住宅の間取りプランでは，

8.3 コンセプト・ジェネレーション

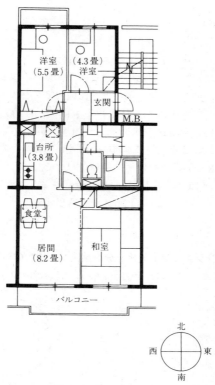

図 8.5 間取りプランの例

|  | 外廊下 | スキップフロア | 2戸1エレベーター |
|---|---|---|---|
| 両面バルコニー | — | ① | ② |
| 片面バルコニー | ③ | ④ | ⑤ |

図8.6　超属性の例

北側にプライベート・バルコニーを設けている．したがって，このプランでは外廊下の設計はできない．つまり両面バルコニーの有無という属性と，住棟内アクセス（たとえば外廊下，スキップフロア，2戸1エレベーターの3水準）は，部分的に交錯している．

このように2属性間に本質的な関連がある場合の対策としては，2つの属性の水準を組み合わせて，新しい1つの属性にした「超属性」（super attribute）を導入すればよい．たとえば，図8.6のように5水準に合併することが考えられる．

### (3) コンジョイント分析を分割実施した場合の対策

コンジョイント分析を図8.7のようにステップ・バイ・

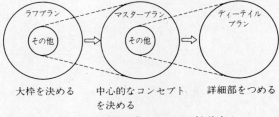

図8.7　逐次的に進めるコンセプト決定

ステップで分割して実施すると，違った時点で違った属性群が評価されることになる．

そのような場合には，属性全体の中で，各属性がどれだけのウエイトになるかを知りたくなるだろう．この時は**ブリッジング**という操作を行う．これはもともとホプキンら(1977)が提唱したアイデアであるが，彼らの計算方法は公開されていない．しかし，次のように計算すればよいと思われる．

$X, Y$の2セットの属性群があったとして，その両方に共通するブリッジング属性を1つ設定しておく．これを$X_j, Y_k$と呼んで区別しよう．

$X_j, Y_k$の平均値をとった部分効用関数を$B$，以上3組のブリッジング属性における部分効用関数の標準偏差を$s_{xj}, s_{yk}, s_B$とする．ブリッジング属性を除いて，$X$の残りの属性の部分効用関数には調整項$s_B/s_{xj}$を，$Y$の方も同様に$s_B/s_{yk}$を掛ける．ブリッジング属性の関数は$B$のままでよい．

以上のようにパラメータのスケールを統一させた上で，改めて各属性の部分効用関数の分散比を計算すれば，全属性の中での各属性の寄与率が推定できる．寄与率の計算法は図8.8の下で紹介する．

## 8.4 パソコン・ソフト

コンジョイント分析には，手計算で実行するのは絶望的

なほどの繰り返し計算が含まれるので，汎用プログラムを利用するのが現実的だ．

コンジョイント分析の代表的なパソコン・ソフトを表8.3にあげる．そのほかに個々の企業や研究者ベースで開発しているソフトもある．

ジョンソン（1987）が開発したアダプティブ・コンジョイント分析（略称：ACA）はユーザーの使い勝手の点で優れている．その理由は次の2点にある．

① ACAには，質問文と商品コンセプトをディスプレイに表示させるインタビュー・モジュールが含まれている．調査対象者が「パソコンと対話」するだけで，データ収集が終わってしまう．もちろん，データ・ファイルが自動的に生成されるから，データ収集と同時に解析も完了する．

② 商品コンセプトもパソコンが自動的に発生してくれる．ただし，属性や水準数が多いと，組み合わせ数が多くなり過ぎて，インタビューが困難になるので，購入意向を聞く前に，あらかじめ重要でない属性や水準はスクリーニングしてカットする．このフェーズもパソコンが自動実行してくれる．

ACAでは，調査対象者1人1人の回答に合わせて質問の内容を変化させるが，こうした処理を指して「アダプティブ」と呼んでいる．

また，ブレトン・クラークのソフトは，厳密ではないものの直交配列に近似した商品コンセプトを生成してくれ

**表 8.3** コンジョイント分析の商用パソコン・ソフト一覧

| プロダクト名 | アルゴリズム | 発売元 |
|---|---|---|
| SAS／STAT | Transreg プロシジャで単調回帰 | SAS インスティチュートジャパン |
| SPSS/Conjoint | | IBM |
| StatWorks/MR 1 | ダミー変数回帰 | 日本科学技術研修所 |
| LOGMAP, CVA, ACA | RANKLOGIT ほか | 構造計画研究所 |
| (Excel 版)コンジョイント分析 | TRADEOFF | ホロンクリエイト |
| ACA | Adaptive Conjoint Analysis | Sawtooth Software, Inc. |
| Conjoint Designer | | Bretton-Clark |

て，属性間の交互作用や価格弾力性が分析でき，部分効用関数のグラフ表示ができるソフトである．

なお，ソートゥース・ソフトウェアの ACA は，構造計画研究所から日本語版が発売されている．同社の創造工学部では ACA のほかにも，CVA（フル・プロフィール法のコンジョイント分析法，Conjoint Value Analysis の略）や片平 (1991) の LOGMAP（選好分析システム）など，マーケティング支援ソフトを多数リリースしている．

## 8.5 応用の動向

コンジョイント分析の産業界での応用は，グリーンら (1971) やウエストウッドら (1974) にはじまる．日本でも比較的早い時期から紹介が行われてきた〔たとえば朝野

表8.4 日本におけるコンジョイント分析の適用事例

|  | 商品 | 出所 | 利用プログラム | 応用上の成果 |
|---|---|---|---|---|
| 日用雑貨品 | シャンプー<br>ワイシャツ<br>ジーンズ | 上田 (1987)<br>野口・磯貝 (1992)<br>永松・香川 (1978) | TRADEOFF<br>MONANOVA<br>MONANOVA | シミュレーション |
| 飲食料品 | 贈答品<br>スープ<br>栄養食品<br>バニラアイス<br>コーヒー/衣料品<br>洗剤 | 斎藤 (1978)<br>北形 (1987)<br>松本ほか (1995)<br>真柳 (2000)<br>水野 (1989) | TRADEOFF<br>SPSS<br>個人化コンジョイント分析 | 新商品開発<br>シェア予測<br>選好構造<br>対話型ソフトの開発 |
| 耐久消費財 | 集合住宅<br>MV<br>乗用車<br>オートバイ<br>電子レンジ<br>MDレコーダー | 宇治川ほか (1983)<br>原田 (1983)<br>斎藤 (1991)<br>原田 (1984)<br>片平 (1987)<br>木村 (1997) | TRADEOFF<br>TRADEOFF<br>TRADEOFF<br>ACA, CBC | 事業化<br>試作品開発<br>商品化<br>商品化 |
| サービス業 | 旅行プラン<br>リゾート施設<br>テレビ番組<br>ガソリンスタンド | 新井ほか (1992)<br>宇治川 (1989)<br>阿部ほか (1991)<br>魅力工学サイバーラボラトリー (1997) | TRADEOFF<br>OLS<br>TRADEOFF<br>ロジット分析 | スキー場企画<br>応対サービスの価格換算 |
| 生産財 | ワープロ<br>コピー機<br>パソコン | 佐久 (1991)<br>樋口ほか (1997)<br>町野・風間 (1999) | TRADEOFF<br>TRADEOFF<br>SAS/transreg | 商品化<br>商品化<br>製品提案 |

(1979), 博報堂 (1983) など].

　日本におけるコンジョイント分析の適用事例を表8.4に示す. 表8.4から, 新製品開発をテーマとした実施例が多いことと, 現実の製品化やビジネス活動に結びついた実績が存在することがわかる. 同表以外にも果汁飲料, 調味料, ステーショナリー, 電子文具, カメラの新製品開発に利用されている.

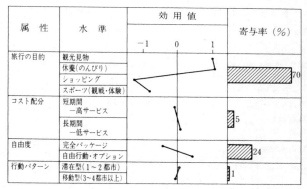

図8.8 パッケージツアーの部分効用関数

一例をあげると，新井ら（1992）は，20代OLを対象にアメリカ西海岸パッケージツアーのコンジョイント分析を行い，図8.8の部分効用関数を導いた．

ここで，図8.8右欄の寄与率（contribution）の計算は次のように行っている．

まず，

$$V_k = \frac{1}{m}\sum(u_j-\overline{u})^2 \qquad \cdots\cdots ①$$

　　ただし $m$ は第 $k$ 属性の水準数
　　　　　$u_j$ は第 $j$ 水準の部分効用値
　　　　　$\overline{u}$ は $u_j$ $(j=1, 2, \cdots, m)$ の平均値

によって第 $k$ 属性の部分効用値の分散を求める．

次に第 $k$ 属性の寄与率 $C_k$ は次式で評価する．ただし属

**表8.5 米国でのコンジョイント分析の応用目的（複数回答）**

| 分　　野 | 1971年～80年 | 1981年～85年 |
|---|---|---|
| 新製品開発 | 72 % | 47 % |
| 競合分析 | 調査項目無し | 40 |
| 価格決定 | 61 | 38 |
| マーケットセグメンテーション | 48 | 33 |
| リポジショニング | 調査項目無し | 33 |
| 広告 | 39 | 18 |
| 流通 | 7 | 5 |
| 応用事例数 | 698 | 1062 |

出所：Cattin and Wittink, 1982, Wittink and Cattin, 1989

性 $k=1, 2, \cdots, l$.

$$C_k = (V_k/\sum V_k) \times 100 \qquad \cdots\cdots ②$$

つまり，属性の寄与率とは，各属性の部分効用値の分散比をとったものである．この評価法の根拠は，主成分分析や分散分析のアナロジーとして了解できよう．図8.9には集合住宅の企画開発の事例を示す．

次に，米国での調査資料をあげよう．

カティンとウィティンク（1982）およびウィティンクとカティン（1989）の調査（表8.5）によれば，1971～80年に米国の産業界では698件の応用事例があったが，1981～85年には1062件の事例が報告されている．つまりこの間，利用のペースが約3倍に増えたことになる．両調査にみられる主な変化を5点あげる．

①消費財での応用は81～85年には59%，生産財は18%になった．サービス業は，70年代の13%から18%に伸び

**図 8.9** コンジョイント分析による開発例　出所:宇治川ほか (1983)

た.
②コンジョイント分析の応用目的は,81〜85年では新製品計画が47%で最も多い.次は競合分析の40%だった.これは,マーケット・シミュレーションができる,というコンジョイント分析の機能による.
③データの収集法は,オーソドックスな個人面接が64%と多い.コンピュータとの対話型調査も12%出てきた.
④製品/コンセプトの提示法は,フル・プロフィール法といって,製品のスペックを一括提示する方法が61%と主流になった.一対比較法は10%.70年代で27%利用があったトレード・オフ表法は80年代には6%と,すでに時代遅れになった.この方法は,もともとジョンソン

(1974) が提唱したデータ収集法であって, 多数の属性から属性を2つずつ取り出してペアを作り, 各ペアごとに水準の組み合わせテーブルを作って評価させる方法である. この方法は理論的にも実際的にも欠点が多いことが指摘されている〔朝野 (1981)〕.
⑤データの測定法は, 80年代では評定法が49%, 順位法が36%と, 使用頻度のトップが70年代と入れかわった.

以上の変化傾向を一言でいうと, コンジョイント分析の簡略化と要約できる. つまり, 調査対象者の負担を軽くし, また調査する側も手間を省く, という省力化が進行しているわけである. この動きは, 最近のパソコン・ソフトの普及によって, さらに加速されそうである.

## 8.6 シミュレーション

どういうモデルを使い, 何をシミュレーションするかが問題になるが, ここでは, 最も簡単な組み合わせ法と山登り法について説明しよう.

### (1) 組み合わせ法

斬新でありかつ消費者に受容性の高いコンセプトを探索したい. そのための最も簡単な方法は, 商品の総組み合わせの中で, 効用値の大きいものから順に商品コンセプトをランキングする方法である. 実際には, 総組み合わせの中の全コンセプトが商品化可能なのではなく, 技術的・経営

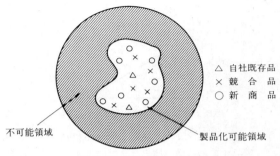

図 8.10　総組み合わせ空間

資源的制約から商品化が不可能なコンセプトもあり得る.そこで,図 8.10 の製品化可能空間の中で,効用値のランキングを行う.そして,自社既存品△と競合品×を除いたすべての新商品候補○の中で,効用値が最大のコンセプトを探索すればよいのである.

図 8.10 では,空間全体を製品化可能領域（feasible region）と不可能領域に画然と区別したが,この領域区分は固定的なものではない,という問題がある.たとえば,かつてアサヒビールが導入したニューアサヒビールのコンセプトは,「コクがあるのにキレがある」であった.一般にコクを強めて深みのある味づくりにすると,残香も強まり爽快感（キレ）を失う.つまり,この 2 つの製品属性の間には負の相関があったわけだ.それに対して,アサヒのコク・キレビールは,コクとキレの両方を追求して作られたといわれている.つまり,製品化の可能領域を図 8.11 の

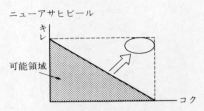

図 8.11 技術開発は可能空間を広げる

ように広げてポジショニングした新製品といえる．このように，製品化可能領域の境界は流動的である．技術開発は常に製造可能領域を広げる方向に寄与するわけで，将来的には全空間を可能領域で埋めつくす，ということになろう．むしろ製品化の決定は，作れるか否かではなく市場性があるか否かの方が，重要なポイントになろう．

領域のダイナミックな変動性は，コンジョイント分析の応用上の欠点ではない．むしろコンジョイント分析によって開発すべき技術課題が示せれば，それで十分価値のある発見だといえよう．現在は生産不可能であっても，もし製造できるようになれば顧客は必ずついてくる，という「予測」がコンジョイント分析から可能になるからである．

## (2) 山登り法

神田・樋口 (1998) による，リコーにおけるデジタル PPC の開発事例から抜粋したのが図 8.12 である．

1996 年 8 月に発売された「imagio MF 200」は，複写機・FAX・プリンターの各機能が実行できるデジタル複写機

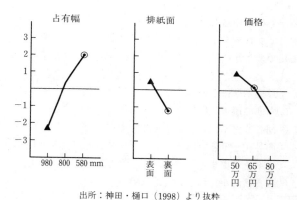

出所:神田・樋口 (1998) より抜粋

図 8.12 デジタル PPC のコンジョイント分析の結果

として商品化された.その最大の特徴は,徹底的な省スペースを実現したことにある.従来機種と違い,排紙部が機械内部にあり3面壁ピタとなった.これによりオフィス内では,占有幅 580 mm のスペースがあれば設置が可能になった.この設置スペースは,従来の同クラス商品に比較して約 30% の省スペースとなっている.

図 8.12 のパートワース・ファンクションに朝野 (1990, 1997) が提案した山登り法を適用してみる.なお以下のシミュレーション結果は朝野によるものであって,神田・樋口の事例報告とは無関係である.

図 8.12 で▲マークを入れた組み合わせが「プロトタイプ」であると想定しよう.これを最適コンセプトを探索す

るための出発点とする．

さてプロトタイプから出発して改良コンセプトを探索するためのヒューリスティックな手続きは次の通りである．

---
① 最適水準にない属性を探す
② 水準の最適化に伴うプラスの効用を評価する
③ 同じくマイナスの効用を評価する
④ 商品化が可能であり，かつプラスの方が大きければ水準を変更する
⑤ 改良検討が終わるまで①に戻る

---

図8.12の分析結果に沿って山登り法を実行してみよう．①〜⑤の番号は上記のステップを表す．

① まず「占有幅」が最適水準にないので 980 mm を 580 mm に変更することを検討する．
② 部分効用値は 2−(−2.4)＝4.4 プラスになる．
③ 幅を縮小するためにコピーの排紙を裏面とする．すると部分効用値は −1.2−0.5＝−1.7 とマイナスになる．②と③で差し引き 4.4−1.7＝2.7 とメリットが大きいので，さらに機械内部への排紙システムによるコストを評価する．
③ 50万円が65万円にアップするとして 0.8 部分効用が減少する．しかし 2.7−0.8＝1.9 と依然としてプロトタイプよりもメリットが大きい．
④ 商品化可能であり，かつ効用値が増えるので，以上の水

準変更を確定する．図中に変更水準を◎で示した．

⑤これ以上改良の余地はないので，山登り法によるシミュレーションを終了する．

もう少し計量的にプライシングを決定するために，屋井（1993）による計量法を適用してみよう．効用値が製品スペックの変更により，$U_0$ から $U_1$ に変化したとする．効用増加に対するユーザーの支払い意思額を $\Delta C$，コスト感度パラメータを $\beta$ とすると，

$$\Delta C = (U_1 - U_0)/\beta \qquad \cdots\cdots ③$$

となる．ここで $\beta$ は価格の部分効用関数の勾配を正負反転したものである．仮に，価格の部分効用関数 $f(P)$ が $P$ に関して連続であると仮定して $\beta$ の意味を解釈すると，$\beta = -\dfrac{\mathrm{d}f(P)}{\mathrm{d}f}$，つまり負の微分係数に相当する．

図 8.12 は実際には折れ線の関数であるから，50 万円から 65 万円の範囲で $\beta$ を推定すると，

$$\beta = -\frac{0.2 - 1}{65 - 50} = \frac{0.8}{15} \fallingdotseq 0.053 \qquad \cdots\cdots ④$$

この数値は，価格が 1 万円下がることによって，効用が 0.053 上がることを意味している．ここで，占有幅を 10 cm 狭くすることで，ユーザーはいくら余計に支払う意思があると期待されるかといえば，占有幅のレンジが 40 cm で効用値の変化が 4.4 であるから，③式の分子に 4.4/4 を代入して，

$$\Delta C = 1.1/0.053 = 20.75$$

つまり，10 cm のスペース節約に対して 20 万円以上多

く支払う価値を認めると期待されるわけである.

この節で紹介したコンセプトの改良法を,メリットがある限り山を登ろうとすることから,「山登り法」と呼んでいる.何らかのプロトタイプがあったときに,さらに適切なコンセプト案を発見するためのコンセプト・ワークの方法である.非常に簡単な手続きであるため,実務の現場ではよく利用されている.

## 8.7 まとめ

新製品開発戦略におけるコンジョイント分析の特徴を整理しておこう.

### (1) 開発主導型の新製品調査

どういう属性・水準の変化を開発上の課題にするかは,開発者側が決めるべき問題である.したがって,ターゲットとする市場においてユーザー・ベネフィットが何であるかは,事前に開発者側が把握していなければならない.もし,市場理解が少なくユーザーのニーズもベネフィットもわかっていない企業の場合は,コンジョイント分析の実行は困難である.属性・水準が的外れの場合は,コンジョイント分析は計画段階で失敗が約束されているからである.このような基礎的な情報を得るために,まずユーザー調査からスタートすべきである.

### (2) 提示コンセプトのシステマティックなジェネレーション

コンジョイント分析では,新製品を企画している側が,組織的に製品コンセプトを変化させながら提示する.したがって,消費者まかせのアイデアお伺いというわけではない.また提示コンセプトは,あくまでも部分効用関数を推定するための手がかり刺激にすぎない.提示したコンセプトの中から最良のコンセプトを選ぶことが分析の狙いではない.むしろ,最適コンセプトは提示していないコンセプトの中から,シミュレーションによって探索されることが普通である.この点は従来のコンセプト・リサーチで行われる人気投票とはまったく異質なため,理解し難いようである.

### (3) 行動分析

コンジョイント分析では,各製品を構成する属性・水準の効用についてどう評価するかは,調査対象者に一切質問しない.すでに述べたように,消費者にスペックの重要度を聞いてもタテマエ的な回答しか返ってこない,という批判的な立場に立っているからである.つまり,理由は聞かず外部から観察可能な行動だけを分析すればよい,というのがコンジョイント分析の主張である.

前節ではプライシングの決定を中心にして,新製品コンセプトの開発法を述べた.ここで紹介したアプローチのほかにも,部分効用関数を折れ線の関数のままではなく,多

項式の関数をフィッティングさせる,という提案〔ペケルマンら (1979)〕もあるし,PC を活用した新たな発展もジョンソン (1987),水野 (1989) やグリーンら (1989) によって報告されている.

現在,属性の交互作用の取扱いや,ベイジアン・ハイブリッド・モデル,企業の収益やシェアを最大化するための選択シミュレータなどの研究開発が進められている.コンジョイント分析はまだ発展途上にあることを感じさせる.最後に,コンジョイント分析のこのような技術的発展について,グリーンら (1990) やキャロルら (1995) によるまとまった展望があることを紹介しておこう.

# 第9章 トラブル・シューティング

　多変量解析は使い勝手が悪く，しょっちゅうトラブルが発生する道具である．

　個々のモデル特有の問題については，各章の中で取り上げたので，ここではさまざまな方法に共通する一般的な悩みとその対策を5点整理した．

　多変量解析は，必ずしもユーザーの個々の悩みに応えるべく開発されてきた訳ではない．したがって，ユーザーの抱える問題に対して，理論的にスッキリした解決策などほとんど用意されていないといってよい．本章で提案するトラブル・シューティングは，どちらかといえば「苦しまぎれの一手」という色彩が強い．

- ●予測精度が高いからといって，本当に予測に使えるとは限らない
- ●時系列比較の方法は何通りもあるが，どれも一長一短だ
- ●データにウエイトの違いがあるなら，ウエイトをつけた多変量解析を行えばよい
- ●因果構造の分析モデルとしては共分散構造分析があ

る
- 変数間の交互作用を表すには，CHAIDに代表されるツリー技法を使う

## 9.1 多変量解析で本当に「予測」できるのか

### (1) トラブル

　予測型の多変量解析の代表選手には，重回帰分析や判別分析などの方法があるが，これらは「予測」とはいいながら，実は観測データを記述するという意味の予測でしかない．たまたま予測精度が高いという結果が出たとしても，それは観測データにある分析モデルを当てはめてみて，当てはめられないことはない，という意味でしかない．ところが，産業界のユーザーが期待している「予測」とは，こういうものではない．私は次の3点を指摘したい．

　まず第1に，予測モデルは世の中全体（統計学でいう母集団）において成り立っていることが期待されている．この点を確かめるために，分析データの一部（これをcalibration dataと呼ぶ）から予測モデルを作り，残りのデータ（これをhold out dataと呼ぶ）に適用してみると，たいてい予測精度が落ちてしまう．つまり，分析に使ったデータだけには当てはまっているものの，一般化がきかないのである．これでは，母集団についてはどれほどのことがいえるのか疑わしくなる．

第2に，予測モデルにはロバストネス（頑健性）が望まれている．ところが説明変数の一部を入れ替えると，入れ替えなかった変数についてもパラメータがグラグラ変動してしまうことが多い．1つの分析作業の中で所得が増えるほどプラス，という結果とマイナスという結果の両方が出ることもある．データの一部入れ替えによってもこうした事態が起きる．マーケティング担当者はパラメータからマーケティング戦略上の知見を得ようとしているのだから，分析のケースごとにパラメータがプラスからマイナスへ，あるいはマイナスからプラスへとフラフラ動いてしまっては困るのだ．

　第3に，予測モデルには時間的な安定性（テンポラル・スタビリティー）があって欲しい．なぜなら，分析をした時点と企業戦略の実施時点にはタイムラグがあって当たり前だから，半年やそこらで結論が変わるようでは困る．ところが時間をおいて多変量解析を繰り返すと，その都度分析結果が違ってくることが多い．これが本質的な時系列変動を反映しているのか，それとも標本誤差あるいはサンプリング以外の誤差（ノンサンプリング・エラーという）によるのかが識別できるとよいのだが，これがなかなか難しい．

## (2) 対　　策

　以上に指摘した代表性・頑健性・安定性が確保されないと，予測結果が出ても自信をもって利用できない．

このような問題は，主として多変量解析の線型モデルの仮定——説明変数の主効果加法性——が現実の世界では満たされていないこと，パラメータの推定法の感度がよすぎるために，分析データのわずかな変動にも解をフィッティングさせてしまう，という理由に起因する．

そこで，この問題に対する対策であるが……

- マーケティングの分野においては，完全に無相関の変数がある方が稀なのだから，前者はなかなか深刻な問題である．第8章のコンジョイント分析のように直交配列を用いて，管理されたデータを人工的に創り出す，とか変数の相関関係を調べて相関の高い分析変数を削除する，といった手段がとられる．後者の事例は7.4節で紹介している．

- データの信頼性が低いという問題は，さまざまな順序データの解析法（コンジョイント分析や非計量的 MDS，PREFMAP など）によって，かなり解決される．これらは，いずれもデータを比率尺度で計測された数量とはみなさず，順序尺度のデータとして扱うことによって，安定的な結果を得ようとする方法である．あるいは，ファジィ理論による多変量解析も，「あいまいなデータ」の処理という意味で，1つの対応策とみることもできよう．

## 9.2 時系列比較が難しい

### (1) トラブル

継続調査の結果を時系列的に比較すれば，市場導入後の商品についてトラッキング（追跡のこと）ができ，将来の販売予測にも役立つだろう．プロダクト・ライフサイクル・マネジメント（製品の寿命管理のこと）に時系列比較は欠かせない．

ブランドや消費者などが多次元空間に散らばっている位置づけのことを，空間布置（configuration）と呼んでいる．しかし，因子分析，判別分析やクラスター分析のような多変量解析では，この空間布置を時系列比較することが難しい．

かりに毎年同じ質問紙を用い，同じ定義の対象者層に同じ地域で，同じ標本抽出法で調査を繰り返したとしよう．それでも，昨年の調査で得られた因子分析の第1因子が，今年の調査の第1因子として出てくるという保証はない．また同様に，昨年のクラスター分析の第3クラスターと同じクラスターが今年も3番目に現れる，ともいえない．単に順番がどう変わるか，というだけではなくそもそも昨年と同じクラスターが今年現れているのか，という識別さえできないのは大問題である．グラフィカルなアウトプットが比較できない，という理由は次の3点にある．

## ①サンプルが異なる

　多変量解析もデータ解析である以上，測定対象が変われば，分析結果も変化する．調査対象者をパネルとして固定する対策もあるが，パネルからの脱落者の発生は避けられない．その場合，サンプルを補充するにしろ，しないにしろ，データ・セットにおけるサンプル集団が変化してしまうことに変わりはない．

## ②質問の意味の変容

　昔，オシャレといわれたものが，今日もオシャレと思われるとは限らない．また，数年前には標準といわれた洗濯機のサイズが，物理的には同一だとしても現在は標準の範疇に入らない，という変化も起きる（かつては 2.2 kg 洗いの洗濯機が標準だったのだ！）．つまり，同一の質問文を用意しても，人々の受けとめ方や分類基準が変容してしまうことがある．同一基準での測定を何年にもわたって継続する，ということ自体が難しい．

## ③意識構造の変化

　おそらく人々の意識や態度・価値観も時間の経過と共に変化するだろう．すると，空間の次元の構造そのものが変わってしまうので，時系列的に分析結果を比べることが不可能になる．カタストロフィのように，突然変異はしないまでも，画像のゆがみ補正のような感覚で徐々に空間が変容してゆくことは十分考えられる．

## (2) 対　策

　時系列比較は本質的に難しい仕事だが，それでもせっかく同一の調査フレームに従って継続調査を行う以上，たとえ無理でも時系列比較をしたい．そこで次に，時系列比較のための実務的な対策を紹介する．

　図9.1に5通りの技法を示す．この図では，調査時点をA, B, Cの3時点としているが，調査時点は2時点，あるい

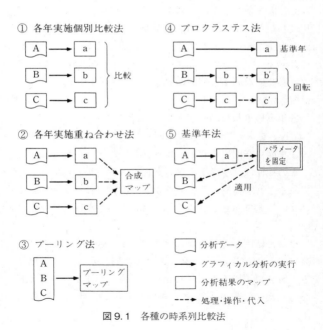

図9.1　各種の時系列比較法

は4時点以上であっても，使い方は変わらない．また，時系列の間隔は，年を単位にして説明するが，月単位のデータでも，また間隔が不揃いのデータでも，対策のとり方は同じである．

以下，図9.1の①〜⑤の方法を簡単に説明する．

**①各年実施個別比較法**

調査A, B, Cをそれぞれ同一の多変量解析にかけて得られた空間布置をa, b, cと書く．a, b, cの空間を3つ並べて比較し，どのように空間構造が変わったか，あるいは変動がなかったかを視察して比較する方法である．

最もオーソドックスな対策であり，特別な分析プログラムも必要でないが，空間が異なるのであるから時系列比較は難しい．

**②各年実施重ね合わせ法**

a, b, cを求めるまでは①と同じであるが，分析結果をそのまま同一空間に重ねてプロットしてしまうやり方．

この操作は，空間構造が方向性もスケールの単位も不変であることを前提にしているから，次元（軸）が変動していないことをあらかじめチェックしておかなければならない．

たとえば因子分析を例にとれば，aの第1因子の因子負荷量がbの第1因子の因子負荷量と同じかどうかを比べる．第2因子以下も同様に比べていき，以上がすべてOKなら，次は結果bと結果cを比べるという手順を繰り返す．

もし因子負荷量が不変ならば，必然的に寄与率も変わらないから，寄与率を比較する必要はない．しかし逆に寄与率が等しいからといって，因子負荷量が等しいことにはならないので，注意したい．

　3組の因子負荷行列間のギャップがあまりに大きければ，②の方法は適切ではない．そもそもこの方法は，「本質的に時系列変動はないことを前提にして，時系列変動を比較する」ことを狙っているわけで，自己矛盾もはなはだしい．

### ③プーリング法

　A, B, C の全データを1つのデータ・ファイルにまとめて，多変量解析を1回実行する．仮に個々の分析データが1000サンプル×20変数のデータ行列とすれば，プーリング法では3000サンプル×20変数のデータを分析することになる．

　プーリング法のために特別なプログラムは必要ない．継続調査の過去のデータを，分析可能なフォーマットで保管しておくことだけに気をつければよい．

　継続調査 A, B, C に引き続き，調査 D が行われた場合は，〔ABCD〕をプーリングして分析することになる．このとき〔ABC〕のプーリング・マップと〔ABCD〕のプーリング・マップでは，空間の構造が変わってしまう．これはやむを得ないことなのだが，そのことを多変量解析のエンド・ユーザーが納得してくれるかどうかは別問題である．

### ④プロクラステス法

とりあえず a, b, c を求めるまでは①,②の方法と変わらない.

次に,たとえば a を基準年の空間として固定し,b と c の座標軸を回転して,極力 a と似たような軸方向をもった空間 b′, c′ に変換する.その結果,a と b′ と c′ は,ほぼ類似した次元の構造になるので,それぞれの空間布置が比較しやすくなる.このような軸の回転法は,プロクラステス法として知られている.この**プロクラステス**(Procrustes)という名前の由来は,昔ギリシャのアッチカに住んでいたという伝説上の怪物にある.彼は旅人を家に留めては寝台にしばりつけ,旅人の身長が寝台より短ければ無理に引き延ばし,長ければ足を切り落として寸法を揃えたという,大変乱暴な宿屋の主人である.

SAS では PROMAX(プロマックス)という回転オプションで斜交のプロクラステス法が実行できる.

なお,基準年を A, B, C のどこにとるかは任意であるが,次のいずれかの方針を選ぶとよいだろう.

・調査が将来とも継続するものとして時系列性を重視する場合——開始年の A を基準年として,A の空間構造に準拠してプロクラステス法を行う.いわば,A をベンチマークにとった時系列比較である.

・最新の市場空間を重視する場合——最近年を基準として,c に準拠してプロクラステス法を実施する.この場合は,先行する a, b の分析結果(たとえば因子負荷行列

など）はストックしておいて，改めてプロクラステス法にかける必要がある．このケースでは昔の空間布置が変化する分析結果が出るので，「以前の分析レポートに間違いがあったのか？」などと，分析結果のエンド・ユーザーからあらぬ嫌疑がかけられるおそれがある．

### ⑤基準年法

たとえばAを基準年として，多変量解析を実施して，空間aを求めておく．次にこの分析結果のパラメータを固定して，データB, Cに適用する．基準年はBでもCでもよいが，ここでは仮にAとして説明しよう．

このとき，BとCのデータは，実際には多変量解析にはかけない．単にAの分析結果にBとCを「代入」したにすぎない．上記した④の方法とこの方法の違いは，プロクラステス法が「ほぼ類似した空間」しか得られないのに対して，⑤は「完全に一致した空間」になるところにある．統計学ではこのような**代入法**のことを imputation と呼んでいる．imputation は欠測値補正に使われる処理である．

基準年法の代入処理の具体例を次にあげよう．

### 因子分析の場合

基準年 A のデータを因子分析して得られた因子負荷量行列を $A$ としよう．また，この年のデータから計算される，変数間の相関行列を $R$，その逆行列を $R^{-1}$ で表そう．

この $A$ と $R^{-1}$ をパラメータとして固定し，A 年度の因子空間に B, C 年度のサンプルを「代入する」ことにしよう．B, C 年度の規準化データ行列をそれぞれ $Z_B, Z_C$ で表

せば，それぞれの因子得点行列は，

$$F_B = Z_B R^{-1} A$$
$$F_C = Z_C R^{-1} A$$
......①

という計算によって求められる．多くのソフトではこの $R^{-1}A$ を重み係数（scoring coefficient）などの名称で出力してくれるので，①の式の計算は容易にできる．この結果を空間 a にプロットすれば，3年分の因子得点が同一空間にプロットされて，時系列比較ができることになる．もちろん因子負荷量は $A$ で固定されているから，因子空間の解釈は変化しない．

**判別分析の場合**

基準年 A のデータを判別分析して得られた判別係数の行列を $W$ とし，それをパラメータとして固定して，適用したいデータ行列を $X$ とすれば，$F=XW$ という簡単な計算によって，判別スコア $F$ が推定できる．つまり，

$$F_B = BW$$
$$F_C = CW$$
......②

以下は，因子分析の場合と同様に，$F_B$ と $F_C$ を空間 a にプロットすればよい．

**数量化理論Ⅲ類の場合**

基準年 A のデータを数量化理論Ⅲ類にかけて得られたカテゴリー・スコアの行列を $S$，各次元の固有値を主対角要素とした対角行列を $\Lambda$ とし，その逆行列を $\Lambda^{-1}$ としよう．

データ行列 $B, C$ をそれぞれの行和で割って規準化した

### ─ アンダーソン・ルービンの因子得点推定法 ─

①よりさらに厳密には，因子得点の推定法にアンダーソン・ルービン（1951）の方法を指定することによって因子得点間の相関を0にすることができる．

因子分析のモデル

$$\underset{n \times p}{\boldsymbol{Z}} = \underset{n \times r}{\boldsymbol{F}} \underset{r \times p}{\boldsymbol{A}'} + \underset{n \times p}{\boldsymbol{E}}, \ \frac{1}{n} \boldsymbol{F}' \boldsymbol{F} = \boldsymbol{I}, \ \boldsymbol{F}' \boldsymbol{1} = \boldsymbol{0},$$
$$V(\boldsymbol{e}) = \boldsymbol{\phi}, \ E(\boldsymbol{e}) = \boldsymbol{0}$$

ただし，$\boldsymbol{Z}$ は平均0，分散1に規準化されたデータ行列，$\boldsymbol{F}$ は因子得点行列，$\boldsymbol{A}$ は因子負荷量行列．$V(\ )$ は分散を，$E(\ )$ は期待値を求める演算を表す記号である．期待値というのは平均値のことだと思ってもらいたい．主因子法を用いた場合，次式で因子得点が推定できる．

$$\boldsymbol{F} = \boldsymbol{Z} \boldsymbol{\phi}^{-1} \boldsymbol{A} (\boldsymbol{A}' \boldsymbol{\phi}^{-1} \boldsymbol{R} \boldsymbol{\phi}^{-1} \boldsymbol{A})^{-\frac{1}{2}}$$

ここで右辺の $\boldsymbol{Z}$ の右の行列をまとめて $\boldsymbol{W}$（$p$ 行 $r$ 列）で表せば，これが重み係数行列になる．したがって因子得点を推定するには，$\boldsymbol{F}=\boldsymbol{Z}\boldsymbol{W}$ のように，規準化されたデータ行列の右から $\boldsymbol{W}$ を掛ければよい．

$\boldsymbol{W}$ の呼び方は factor coefficient とか因子得点係数行列など，プログラムによってさまざまである．不統一なのは，ユーザーにとっては迷惑なことである．

表9.1 各種の時系列比較法の比較

| | 長　所 | 短　所 |
|---|---|---|
| 各年別個別比較法 | 各時点の調査データに忠実なマップが得られる。 | 異なった時点での分析結果a, b, cは次元が一致していないので、ポジションは厳密には比較できない。 |
| 各年実施重ね合わせ法 | a, b, cを求めるまでは同上 | a, b, cの合成マップを作る操作に合理的な根拠がない。やはり厳密な比較はできない。 |
| プーリング法 | 全時点をプールした共通の枠組みが得られる。プーリングマップの安定性・信頼性は高い。 | 数年間の平均的なマップになるので、やや時代遅れになりがちである。分析データの量が増えるので、処理能力を超える危険性がある。 |
| プロクラステス法 | 基準年の空間構造にできる限り近づけて時系列比較できる。 | 基準年を決める基準がない。また完全に空間構造が一致するわけではない。 |
| 基準年法 | 基準年のマップを枠組みにして、そこにほかの年度のデータを埋め込むので、完全に空間が一致する。 | 基準年を決める基準がない。時点が変われば本来枠組みも変わるはずなのに、それを固定して扱うのは不自然。 |

行列を改めて $B^*, C^*$ と書けば，それぞれのサンプルスコアは，次式によって推定できる．

$$F_B = B^*SA^{-1}$$
$$F_C = C^*SA^{-1}$$
......③

以下の処理は，因子分析の場合と同様である．

基準年法によるサンプルスコアの当てはめは，いずれも上式の①，②，③のようなワンパターンの方式で実行できる．

つまり，基準年のデータ分析から得られた推定値をパラメータとして固定し，それにほかの年度のデータを代入する，という方法で処理すればよい．

ところで，グラフィカル分析法の時系列比較法①～⑤には，それぞれ長所と短所がある．それらを整理したのが表9.1である．

## 9.3 多変量解析で母集団推計をどうするか

### (1) トラブル

マーケティング・リサーチでは，地域や企業規模などにウエイトをかけた層別抽出がよく行われている．たとえば都市住民と過疎の村の住民を比較しようという調査の場合，全体の標本数が1000人だとして等確率で標本を選べば村からは1人も対象者が抽出されないことも起きるだろう．いくら理屈が正しくても，これでは何の役にも立たない．そこで意図的に村からはオーバーサンプリングして対

象者を抽出したりするのだ．また，回収率が全抽出票にわたって均等になるという保証はないから，回収標本は母集団と比べて標本構成上偏りが出るのが普通である．

このような偏りを補正するために，クロス集計では抽出率の逆数を重みにかけた**ウエイトバック**（ウエイトづき集計）という処理をよく行っている．ところが，多変量解析ではなぜかこうした偏り補正について，何の対応もとらないユーザーが多い．たとえば，東京と大阪のデータ数が同数だとしたら，データをそのままプールして多変量解析にかければ，大阪を重視した分析結果になりはしないだろうか？ 東京を1としたら，大阪のデータはそれよりもウエイトを割引いて分析した方がいいのではないか？ という疑問が出てくる．

さらに消費量や購入量まで考えると，マーケットはたいてい等質性からはずれているのだ．たとえば，柔軟仕上げ剤などはごくわずかな割合のヘビーユーザーが製品の大部分を消費している．ということは，かりに母集団から完全に無作為に標本を選んで調査できたとしても，その調査データを単純に多変量解析にかけると，ヘビーユーザーの声が過小評価されることになろう．問題は深刻である．パラメータの信頼区間がどうのこうのという問題以前に，原データをそのまま多変量解析にかけてよいのか？ という問題である．

## (2) 対　策

分析データに補正を加える方法が2通り考えられる.

その第1の方法は, コピー方式といって, ウエイトバック係数に合わせてサンプル・データを2倍, 3倍というように整数倍でコピーするやり方である. この方法の場合, 性別×年齢別×地域別というように層別変数を複数組み合わせてウエイトバック係数を計算すると, 1237倍といった大きな桁まで必要になり, データ行列がたちどころに膨大な次数に水増しされる. 計算実行上はコンピュータのメモリーの制約があるから, この方法は現実には利用しづらい.

第2の方法は, ウエイト方式といって, 標本数にかかわるデータ行列だけにウエイトをかけることによって, 配列のサイズを増やさないようにするやり方である. この場合は, 1.237倍といった小数点を含んだウエイトも使える.

たとえば, 第$i$サンプルのウエイト$w_i$を主対角要素とする対角行列を$W$, ウエイト$w_i$の合計を$t$, 平均偏差値データ行列を$X$とする (変数$x_j$の加重平均を$\bar{x}_j = \frac{1}{t}\sum_i w_i x_{ij}$, $X$ の $(ij)$ 成分を $(x_{ij}-\bar{x}_j)$ とおく. また, 変数 $x_j$ の分散を $s_j^2 = \frac{1}{t} x_j' W x_j$ として, $D_c^{-\frac{1}{2}} = \mathrm{diag}(1/s_j)$, 規準化データ行列を $Z = X D_c^{-\frac{1}{2}}$ とおく). ウエイトをつけた分散共分散行列は

$$C_{XX} = \frac{1}{t} X' W X$$

相関行列は,

$$R_{xx} = \frac{1}{t} Z'WZ$$

となる．

以下は通常の多変量解析と同じロジックに沿って，分析を行えばよい．たとえば，朝野（1994）は上記したウエイトづけによって真の構造に近いパラメータ推定ができる場合があることを示している．汎用統計プログラム・パッケージの中には，SASやSPSSのようにサンプルへのウエイトづけが可能なものがあるが，不思議なことに利用者は少ないようである．もしクロス集計でウエイトバックをしているとしたら，多変量解析でも同様に扱わないのは，ロジックが通らないと思うのだが，どうだろうか？

## 9.4 消費者行動は線型か

### (1) トラブル

消費意識であれ，購買行動であれ，マーケティングで扱う対象は，一般に複雑なシステムであると認識されている．「複雑な」という形容詞の指すものは①階層的なシステムであり，②その要素間の**交互作用**が無視できないほど大きく，③構造そのものがダイナミックに変化する，といった性質ではないだろうか．ハワードとシェス（1969）のモデルもその一例だが，一般に消費者行動モデルは階層構造をもったインタラクティブかつダイナミックなものが多数提唱されている．ただし，たいていは図9.2のような概

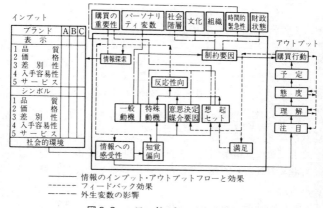

図9.2 ハワード・シェスのモデル

念図のレベルに過ぎないが.

　仮にマーケティング現象が，上記①〜③にいう意味で複雑なものだとしたら，そのような現象を分析するのに適した多変量解析がわれわれに与えられているのかといえば，残念ながら品揃えは十分ではない.

　現在，実用的に利用されている多変量解析は，ほとんど線型モデルを用いている．このモデルは基本的性質として，$y$ をモデル値，要因を $a, b, c$ とすると，$y = a + b + c$ という一次結合になり，加法の交換則からしてこれは，$y = c + b + a$ にも等しいことが強い仮定になる．決定モデルとしてみれば，補償モデルであり，電気回路でいえば図9.3のような並列回路に相当する.

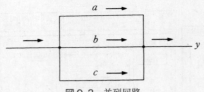

図9.3 並列回路

ところが，主婦の購買行動を考えてみると，最寄り品を買うときは，まず有名ブランドか否かでフィルターにかけた上で次に価格要因などを勘案しているのではないか，とも考えられる．これは逐次的であり非補償的な判断過程である．

重回帰分析も，まさに補償モデルであって，多変数の説明変数の一次結合によって合成変数を作り，これを用いてある基準変数を予測しよう，という論理構造にたっている．したがって重回帰分析は，1次元的な多変量解析といえよう．

それでは，重判別分析や主成分分析のように，多次元の解が得られる分析法ならばどうかといえば，これらのモデルも重回帰分析と同様，線型モデルというシンプルな構造（加法性）を仮定しているために，多次元的ではあるものの，階層的なモデルとはいえない．

## (2) 対　策

「多次元かつ階層的」という形容に価する分析法としては，**パス解析**と共分散構造分析があげられる（図9.4）．パ

イ) スター誕生のパスモデル

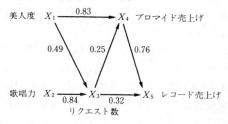

ロ) 生活満足度の共分散構造分析

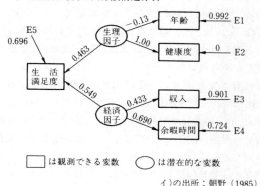

□ は観測できる変数　○ は潜在的な変数

イ)の出所：朝野 (1985)

図9.4　パス解析と共分散構造分析

ス解析は，観測できる変数について**因果モデル**を想定し，影響の強さを重回帰分析で逐次的に推定する方法で，ライト (1934) がはじめた方法である．近年注目を集めている**共分散構造分析**（構造方程式モデル：Structural Equation

Model with latent variables, SEM）は，測定変数も潜在変数もすべて取り込んだ因果モデルの分析法である．SEM は伝統的な多変量解析法をその下位モデルとして表現できるため，SEM のソフトウエアを用いれば重回帰分析，分散分析，因子分析，パス解析などが容易に実行できる．線型モデルであれば分析可能なので主成分分析，正準判別分析，正準相関分析なども表現できる．SEM は仮説検証的（confirmatory）な因子分析が実行できる．したがって**探索的**（exploratory）**因子分析**を終えていれば，事前の仮説を積極的に分析に組み込むことができる．SAS や STATISTICA には SEM のプロシジャが含まれている．単体でも SPSS の Amos や EQS，LISREL，Mplus など優れたソフトがあり使いやすい．

最近日本でも次のような研究書が出版されている〔奥田・阿部（1987），豊田・前田・柳井（1992），豊田（1992，1998a，b），柳井ほか（1990），柳井（1994），狩野（1993，1997）〕．豊田（2000）は SEM を用いた多様なモデル表現を解説している．

第2の「交互作用」については，これをわかりやすく表現できる分析モデルは少ない．線型モデルに基づく方法は，交互作用の取り扱いを苦手にしている．表9.2に示す AID 分析とそのファミリーが目下のところ，最も交互作用の検出を意識して作られている．

この種のツリー技法の原型となったのがモーガンとソンキスト（1963）の **AID**（Automatic Interaction Detector の

略) 分析である.

AID の分析データは次の通り.

・基準変数……1つの数量的な変数. あるいは「YES-NO」2カテゴリーの名義尺度でもよい. たとえば使用ありなら1, 使用なしなら0とコードをつける. この場合の基準変数のグループ平均値は「製品使用率」を意味する. 名義尺度で3カテゴリー以上を扱わねばならない場合は, AID 分析は適用できない.

・説明変数……性別・学歴・地域などカテゴリー・タイプの変数を用いる. 数量的な変数であっても, カテゴリーに区切れば分析できる. カテゴリーに区切ることを**離散化**(discretize) と呼ぶ.

以上からわかるように, AID の分析データのフォーマットは数量化理論 I 類と等しい.

次に AID 分析の欠点をあげてみよう.

①基準変数あってこその市場細分化である. そもそもどういう基準に着目して市場を細分化すればよいかがわからないような場合には, AID 分析は無力である.

②逐次分割という手続きは, 各スプリットの時点での最適分割をしているだけであって, 最終的に導かれるセグメントが最適な分割になっているという保証はない.

③スプリットする際に, 2分割することが最適な分割数であるという根拠は何もない. 3分割や4分割の方がより

表9.2 AID分析のファミリー

|  | AID | SIMS | THAID | CHAID |
|---|---|---|---|---|
| 基準変数 | 数量データ | 数量データ | カテゴリーデータ | カテゴリーデータ |
| 分割基準 | BSS/TSS | 利益換算値 | THEATAまたはDELTA(注1) | $\chi^2$(注2) |
| 逐次分割数 | 2分割 | 2分割 | 2分割 | 3分割以上も可 |
| カテゴリーの統合 | 制限できない | 制限できない | 制限できない | 制限可能 |

注:1. $THEATA = \dfrac{M_1 + M_2}{n}$    $M$……グループのモード

$$DELTA = \dfrac{n_1 \sum_{J=1}^{G}|P_J + P_{1J}| + n_2 \sum_{J=1}^{G}|P_J + P_{2J}|}{2n(1 - \sum P_J^2)}$$

$P_J$……親グループの構成比
$P_{ij}$……分割後のグループ

2. カテゴリーを併合した場合,$\chi^2$値を修正している.

$n$……分割表のサンプル数
$s$……基準変数のカテゴリー
$t$……カテゴリー併合後の説明変数のカテゴリー数

自然な分布型もあろう.

④分析変数の尺度が限定されている.たとえば,基準変数や説明変数が順序尺度の場合などを考慮していない.

さて,表9.2の各技法の開発動機は次の通りであった.

① AID 分析の基準変数が数量的なデータに制限されている,という批判に応えて,モーガンら(1973)がTHAIDを開発した.好きなビールの銘柄が「キリン」「アサヒ」「サッポロ」「サントリー」というように,3つ以上のカテゴリーの基準変数でも自由に分析できる.ただし逐次2

分割にこだわるという AID の欠点は残された.
② カス (1980) は, 基準変数がカテゴリーで, 説明変数は名義尺度でも順序尺度でも尺度特性に配慮できる, という **CHAID** (Chi squared Automatic Interaction Detector) を開発した. しかも分割数は 2 分割に限らず, もし統計的に有意なグループ分けであれば 3 分割でも 4 分割でも可能になった. つまり, AID 流の人為的な 2 分割ではなく, データに基づいてプログラムが自動的に分割数を判断してくれる方法である.

CHAID を米国では「チェイド」と発音しているが,「カイド」と呼ぶ方がわかりやすいだろう. なぜなら CHAID はカイ二乗 ($\chi^2$) に基づいた (chi squared) AID の略だからである.

AID の分析データのフォーマットは数量化理論 I 類と等しく, THAID は今日的な意義を失っている. CHAID は前記した AID 分析の欠点①〜④のうち, ③と④を克服したものであり, その意味で有力なツリー技法ということができよう.

CHAID の事例を紹介しよう. 朝野 (1998) は生命保険の契約件数に基づくマーケット・セグメンテーションを行っている. ここで基準変数としたのは生命保険の契約件数で, 説明変数は性別, 年齢区分のような 14 のデモグラフィック変数である. 分析サンプル数は 1200 人であった.

分析結果は図 9.5 に示す通りで, 第 1 次分割が 5 分割, 第 2 次分割が 3 分割となり, ツリーの深さが 2 段階でスプ

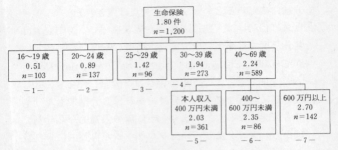

図9.5 生命保険のディシジョンツリー

リットを終了した.最終的には同図で1〜7とラベルがつけられた7群に1200人の消費者が分割された.

ツリーチャートの各ボックス内の数値は生命保険の平均契約件数を表す.全体平均が1.8件の契約数であるのに対して,最も契約数が多い第7セグメントでは平均2.7件契約している.ボックス内の $n=1200$ などの数値は各セグメントのサンプル数を示している.

第1段の分割に利用された説明変数は本人の年齢であり,年齢が高くなるほど契約数が単調に増加している.次に年齢40〜69歳のグループがさらに本人の年収で3区分された.これも年収が大きくなるほど契約数が単調に増加している.つまり,生命保険の複数加入者は高年齢で高収入の顧客層であることがわかる.この分析結果は政策減税や景気回復によって消費者の収入が増えることは契約件数の増加にとってプラスの要因であり得ることを示唆してい

る.

　なおツリー図に採用された年齢と年収は，生命保険の契約行動を予測する上で有効な変数であると同時に，各ターゲットにアクセスするための検索情報でもあることに注意したい．セグメンテーションするための操作がセグメントそのものを定義している，という意味で AID 系のセグメンテーションは操作可能（operational）なものである．

　従来の因子分析やクラスター分析などを使ったライフスタイル分析では，重要らしきセグメントを見つけても，実際にそのセグメントに属する人々をアイデンティファイするのが難しかった．しかし，CHAID では，性・年齢などの明確なデモグラフィック変数を説明変数に入れて分析することによって，具体的なセグメントが明らかになるという利点がある．その意味で図 9.5 から得られるセグメントは tangible である．

　「ダイナミック」な問題については，現在普及している多変量解析法が，ほとんどスタティック（静的）な方法であるため，未開拓に近い．MIT のフォレスター（1958）が開発した**システム・ダイナミックス**（System Dynamics，4.3 節の SD 法とまぎらわしいが，これも SD と略称する）は，例外的なモデルである．SD によるアウトプット例を図 9.6 に示す．

　SD の特徴を要約すると，次のようになる．

①研究対象を時間軸にそって変動するダイナミック・

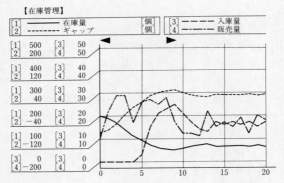

図9.6 SDによる在庫管理のシミュレーション結果

システムととらえる
② フィードバック・ループをモデルに組み込む
③ 変数間の非線型な関係をモデルに組み込むことができる

　従来は，地球環境とか都市開発といったグローバルなシステムの挙動をモデル化し，予測するのに利用されてきたが，近年は経営問題も含めて適用分野が広がりつつある．SDに関する日本での刊行書には小玉（1984，1985），宮川・小林（1988），吉田（1988）などがある．

　以上をまとめると，多変量解析にはマーケティングの現場が想定しているような複雑な分析モデルも若干はある．それにもかかわらず，われわれが重回帰分析・判別分

析・主成分分析といった線型の多変量解析をよく利用しているのは,次の理由によるものと思われる.

①ほかのタイプのモデルを知らないか,知ってはいても手軽には利用しづらい.

②線型モデルでも予測精度さえ高ければ,何も複雑なモデルを持ち込む必要はなかろう.

　①は情報環境次第でどうとでも変わる消極的な理由であるが,AID分析が線型モデルからの1つのブレイクスルーだったことは指摘しておきたい.

　②の理由は,一応もっともらしく聞こえるが,本章1節で述べたように予測精度が意味するところを考えると迫力に欠けるといえよう.

　消費者の購買決定過程が必ず線型モデルに従うという経験的根拠はないし,むしろマーケティング研究者は,線型ならざるモデルを志向する傾向が強いようである.

　当然ながら,こうした「複雑なモデル」について関数を同定するのは,容易なことではない.最近,豊田(1996)によってニューラルネットによる非線型多変量解析の成書がまとめられたが,このテーマはまさに多変量解析のメーカーである理論家にとってもチャレンジしがいのある課題といえよう.

## 9.5 データそのものの問題

### (1) 実験ができない

物理や工学の実験的研究では基本的には，一度に実験因子を1つずつ取り上げて実験条件を変化させながら結果を測定し，独立変数と従属変数の関係を定めるというのが，伝統的なアプローチであった．

しかし，社会科学やビジネスの現場においては，このような実験を通じたデータ収集は困難である．たとえば消費税を10倍に引き上げたときの影響を測定するために税率を変えてみる，などという社会実験が許されるだろうか？

質問紙法調査の中に適当に実験条件を組み入れる工夫もなされてはいるが，余分変数を除去することは困難なので，実験的統制に欠けることはやむを得ない．

さて，ここではマーケティング関係のデータの性格に対応した分析上の工夫を列挙してみよう．

### (2) 対　策

①一般に数量データよりも，質的なデータが主体になるので，カテゴリカルなデータの処理が中心的な対策となる．ダミー変数を用いた多変量解析，たとえば林（1952,1956）の**数量化理論**が重視される所以である．

②データが管理されておらず，不十分なコントロールの下でデータが得られるので，マーケティングで扱うデータ

の信頼性は一般に低い．電子的に購買データが記録されるスキャニング・データは精度が高いデータであるが，これなどは例外的存在といえる．

したがって，自然科学における研究法を単に転用するだけでなく，マーケティング固有の配慮に基づくデータ収集法が必要となる．一例をあげれば，計画購買か，衝動買いかという尺度上に消費者を位置づけたい場合，ただ1問だけで測定するのではなく，多数のアイテムへの反応パターンをもとに尺度化する，という手続きをとることがある．この問題は，テスト作成における信頼性の問題と類似している．「管理されていないデータだからこそ大標本データを多変量解析にかける」という考え方は，人間の反復と設問の重複という二重の繰り返し作業によって信頼性を高めようとする発想に基づいている．

③因果法則を明らかにしたいという願望は研究者のみならず実務家にもあるが，実現は困難である．モデルを仮定するだけなら造作もないが，実証が伴わなければ意味がない．マーケティング・リサーチから導かれる経験法則は，統計的な意味での記述仮説にとどまるのが普通である．測定にのぼってくるのは，たいていは結果的に収集された多変量データであり，実験科学のように条件を実験的に操作しつつ測定した結果ではない．その意味で，マーケティング・リサーチにおける分析は原因→結果分析ではなく，結果→結果分析にすぎない場合が多い．つまり分析から得られる知見として，関連性以上の言明が

できるのかについて，ユーザーは常に慎重でなければならない．

　もし，マーケティングが経験科学の1つであろうとするならば，上記した相関関係を手がかりに，もっともらしい仮説モデルを構築し，多くの統計的事実と対決しながら逐次改訂してゆく，という漸進的なアプローチをとらざるを得ない．

# 第10章　ユーザーのための多変量解析

　終章にあたって，ユーザーのための多変量解析という視点から，3点整理しておきたい．まず第1に，「ともかくどうソフトを使えばいいの？」という疑問に対するアドバイス，第2は多変量解析のユーザーだってメーカーに一言わせてほしい，ということである．第3にはユーザーが多変量解析を使いこなす上での心得を提案したい．

---

- ●ソフトがどんどん進化することは間違いない
- ●ユーザーはもっと積極的に発言しよう
- ●実社会で役立ってこそ，多変量解析は実社会で認知される

---

## 10.1　多変量解析のソフトと関連書籍

　多変量解析は，1930年代に主成分分析と正準相関分析が研究されてほぼ道具立てがそろった手法群である．しかし多変量解析を実行するには固有値・固有ベクトルや逆行列を求めるという，手計算には過酷すぎる処理が伴った．そ

のためコンピュータが実用段階に入る1960年代までは，多変量解析の研究は理論研究の段階にとどまっていたのである．その後，多変量解析の応用は学術の世界から産業界へと拡大していった．特に1980年代以降の急速な普及は，それ以前とは質的に異なる展開をみせた．コンピュータの草創期においては実際に計算ができる人は限られた専門家だけであり，彼らが電子計算機室で大型コンピュータを走らせるという使用形態だった．しかしパソコンの急激な普及にともない，多変量解析は誰もが手元でできる「大衆利用の時代」に突入したのである．

もともと統計学の先進的なユーザー分野であった農学，医学，薬学では，多変量解析は早くから確固とした地位を築いていた．さらに工学，特にSQC（統計的品質管理）の分野では天坂ら（1991）による魅力ある車造りへの適用をはじめ，優れた応用が数多くなされてきた．しかし，経営・マーケティングなどの社会科学系の分野は，それらの先行分野と比べるとやや導入が遅れた．

もちろん実社会においては，多変量解析が役立つ場合もあれば，そうでない場合もある．それにもかかわらず，多変量解析が一般に普及した理由は，われわれを取り巻く情報環境の変化，はっきりいえばコスト・パフォーマンスに優れたパソコンと使いやすいソフトの登場が主な要因であった，といってよいだろう．

## ソフトの開発動向

　統計プログラム・パッケージ (Statistical Program Package, SPP と略す) は 1960 年代後半に誕生したツールである．アメリカで開発された SAS, SPSS, BMDP が当時の SPP 御三家であった．これらの汎用パッケージのおかげで，ユーザーは自分でプログラムを作成しなくても多変量解析が実行できるようになったのである．その後の多変量解析のソフトの開発動向としては，次の 4 つのトレンドが指摘できる．

　第 1 のトレンドはエンドユーザー志向である．優れた GUI (グラフィカル・ユーザー・インターフェイス) のおかげで，初心者でもソフトと対話しながら多変量解析が実行できるようになった．商用 SPP を使えば，メニューをクリックするだけで分析できてしまう．生まれて初めて多変量解析を使う人でも，30 分もあれば何らかの多変量解析は実行できるだろう．

　第 2 にテューキー (1977) の探索的データ解析の思想が実務の現場に導入されるようになった．まず初めにデータの分布をヒストグラムに描き，変数を組み合わせて同時相関図を描き，さらに 3D のグラフを回転させる．このようなグラフィカルな手段によってデータを可視化して問題を発見し，より深い分析計画をたてる時代になってきたのである．かつては，あらかじめ立てた仮説にそってデータを収集し，予定通りに分析することが望ましいと思われていた．しかし時代とともに分析の姿勢は柔軟になってきた．

むしろデータも見ないで仮説を立てる方がおかしいのではないか，という考え方さえ出てきたのである．その典型例が1990年代から注目されだしたデータマイニングとその後のビッグデータの解析であった．いずれも「集まってしまったデータ」を分析対象にするもので，仮説にそってデータを収集するわけではない．

アソシエーションルールを用いて買い物商品のバスケット分析を行ったり，ディシジョンツリーで顧客を分割することが行われるようになった．

第3にソフトが時代とともにだんだんと賢くなってきた．初期のSPPの場合は，デフォルト（無指定）の設計という控えめな形でエキスパートの知恵がSPPに組み込まれた．エキスパート・システムの早い時期の提案としては中野ら（1991）による知識ベース重回帰分析支援システムがあった．21世紀のAI的なソフトは，機械学習を通じて分析データに適合した分析を行うようになるだろう．

第4の動向は「集合知」によるソフト開発である．RやPythonのようなオープンソースのソフトが良く知られている．これらはオブジェクト指向のスクリプト言語なので分析データも分析結果もオブジェクトという単位で扱える．そのためプログラムの見通しが良くなり開発が簡単になる．多変量解析を実行する関数がネット上に公開されている．ユーザーにとって多変量解析のハードルはいっそう低くなってきたといえよう．

## ソフトがユーザーの誤解と誤用を拡大する

便利なソフトが普及することはユーザーにとって有難いことである。しかし，何事にも光と影の両面がある。ソフトの利用によってユーザーの誤解と誤用が拡大する，という弊害もないわけではない。

以下にユーザーにとっての問題点を3点指摘しよう。ソフトはバージョンアップの機会に，あるいは不定期的に修正が行われることがある。したがってソフト自体が常に変動しているので断定的な評価はできない。そこで，以下ではソフトの固有名詞はあげない。

### (1) 用語が誤解を生む

ある表計算ソフトの場合であるが，アドインの分析ツールから重回帰分析を選択して実行すると，表10.1の左欄に示した用語で計算結果が出力される。

多変量解析には標準的な専門用語がある。表10.1の中央の欄がそれである。すべての統計用語についてその正当性を論じるのは難しいことだが，それでも学術分野で長年通用してきた専門用語や定訳があるならそれを用いるのが

**表10.1 重回帰分析の出力**

| あるソフトの表記 | 標準的な用語 | 表記に対する評価 |
|---|---|---|
| 重相関 R | 重相関係数 | 省略しすぎ |
| 重決定 R2 | 決定係数 | 誤訳 |
| 補正 R2 | 自由度調整済み決定係数 | 意訳しすぎ |
| 切片 | 定数 | 不適切 |
| 係数 | 偏回帰係数 | 省略しすぎ |

望ましい．表 10.1 の左欄のように統計ソフトの開発者（あるいは翻訳者）が独自の解釈によってソフトごとに新しい統計用語を編み出すことはユーザーに無用の混乱を招くだけである．たとえばユーザーは重決定と決定係数が同じ意味なのかをいちいち調べなければならない．もちろん全てのソフトにおける造語を網羅した対照辞典など世に存在しない．

間違いが起きるのは計算出力の箇所だけではない．当然ながらヘルプでの解説やユーザーズガイドも同じ用語で間違うことになる．

このような自由勝手な用語は，フリーソフトだけでなく商用ソフトにも見られる．世の中で使われている統計用語をすべて監視して規制するような第三者機関は存在しない．かりにそれぞれのソフトがバージョンアップの機会に表記を訂正したとしても，また新しく追加された分析オプションで新しく用語問題が発生するかもしれない．いたちごっこに終わりはない．

そこで当面はユーザーが自らの知識に頼ってソフトの出力でおかしな所はないか？ と疑いをもって見ていくしかないだろう．そのためには，ソフトのマニュアルに頼るのではなく，統計学の本を読んで統計的な諸概念を理解しておくことが望ましい．たとえば表 10.1 の場合も，もし本書の 6.1 節を読んだ後なら，$R2$ の数値が分散分析表の平方和の比に一致することに気づき，それなら決定係数をさすに違いない，と推理できたはずである．

ついでながらR2の記法も統計学的には$r^2$と書くのが正しい。表10.1のソフトがR2と出力したのは，環境依存の文字を使いたくないというソフト開発者側の都合にすぎない．統計学的な記述を含んだ報告書や論文でR2と書いてもそれではコミュニケーションにならない．

## (2) メニューが誤用を生む

メニュードリブンで多変量解析が実行できるということは，メニューの作りこみ次第では，誤用を定着させるという危険を伴うことになる．

因子分析と主成分分析も，それらが混同されるようになった1つの原因はソフトにあったと思われる．この2つの分析法の違いは第4章で解説したので，以下の指摘は表4.2を参照しながら読んでもらいたい．

あるSPPの場合であるが，因子分析をするつもりで使い始めても，解法のメニューをデフォルトのまま進めると主成分分析に進んでしまう．

また反対に主成分分析をするつもりで使い始めても，メニューにあるからという理由で主成分を回転させてしまう，という誤用を発生させるおそれがある．ユーザーとしては因子分析と主成分分析に関してはさらに疑問が出てくるだろう．

①なぜ1つのメニューに異なる分析モデルを同居させたのか？

その答えは，元になったプログラムがコンピュータのメモリが小さかった時代に開発されたという歴史的事情によ

る．プログラムを極力短くするために，そしてパンチカードの枚数を減らすために，アルゴリズム単位に複数の統計手法をまとめてしまったのである．コンピュータの性能が向上した今日なら，今の状況に合わせてすっきり作り直した方がよいはずだが，それは手間がかかるので嫌なのだろう．

②同じアルゴリズムを使っているなら同じ分析法ではないか？

それなら演算の一部に掛け算と足し算を使っている回帰分析と因子分析は同じ分析法なのだろうか？ 固有値問題を解く統計モデルは主成分分析に限らずコレスポンデンス分析や判別分析や数量化理論Ⅱ類・Ⅲ類・Ⅳ類などたくさんある．そもそも因子分析と主成分分析は固有値を求める行列の中身が違っているのである．両者のモデルの相違については図4.13を見てもらいたい．

③主成分得点の分散が固有値に一致しないのはなぜか？

第3章付記(3)どおりの出力にならない理由は，いったん主成分得点を出してから得点の分散が1になるように再規準化しているからである．このような出力の場合は，出力された得点に固有値の平方根を掛ければよい．そうすると主成分得点の分散が固有値に一致するようになる．この問題に限らず，一部のSPPは余計な後処理や理論的に誤ったグラフを付け足すことがある．

### (3) 解析結果の再現性の問題

再現性と言っても2通りの問題がある．ソフトの問題

は，同一のデータを異なるソフトで分析することによって発見されるものである．同じデータを分析した場合，AのソフトウェアのBのソフトで再現できるのか？というのは分かりやすい評価基準である．再現できなければ，その理由を突き止めなければならない．

もっとも，忙しいビジネスパーソンがソフトの比較などしている暇はないだろう．このようなソフトの比較は，ソフト開発にかかわる専門家がすればよいことである．

ここで指摘したいのは同じソフトを使っているユーザーが自分で過去にした解析結果を再現できるのか，という時点間での比較である．同じデータを同じソフトで分析するのだから，ぴったり同じ出力が得られるはずだ，と思うかもしれないがそれが難しい．

インターネットを通じて日々改訂されるフリーソフトの場合は，予告なく改訂されるので，再現性が担保できなくなる．リリース番号で管理するとしても1つの分析の実行には複数のパッケージが働くことがあるので話は複雑になる．

しかもパソコンにインストールしたパッケージ自体がアップデートされてしまうので昔やった多変量解析を同じデータで再実行しても過去の出力が忠実に再現できるとは限らない．

そこまで神経質になることはない．大体似た結果が出ればそれでよい，というのならば再現性の問題は気にしなくてよい．それに毎回同じ間違いをするソフトを使っていれ

ば，いくら再現性が高くても嬉しくない．

ユーザーが正確で適確な分析結果を出力してくれる統計ソフトを望むのは当然のことである．しかし注意したいのは，どのソフトを選ぼうがソフトが完璧であることは保証できないことである．それはやむを得ないものと考えて，あとはトラブルが起きた時や疑問が出た時の対応が肝心になる．したがって，ソフト会社によるユーザーへのサポート体制が充実していることがソフト選択の重要なポイントになるだろう．

**関連する書籍**

本書は多変量解析のユーザーのためにその使用法を述べた本である．しかし前項で述べたように，ユーザーも統計分析の基礎概念を理解しておくことが望ましい．ソフトを適切に使い，アウトプットをきちんと理解するのに役立つからである．ここでは読者に勧めたい図書を目的ごとに列挙する．

**A 統計学を自習するのに役立つ本**

【歴史】

(1) 安藤洋美（1997）『多変量解析の歴史』現代数学社

どのような理論もそれが生まれた背景があり，理由がある．この本は多変量解析の開拓者たちがどのような問題意識をもって研究に取り組んできたのかを描いている．研究者同士の人間関係も描かれており興味深い．

(2) 蓑谷千凰彦（2009）『これからはじめる統計学』東京図

書

統計学の初心者は統計学の基礎をきちんと勉強するのがよい．急がば回れは本当である．この本は統計学の本質を説いた新しい感覚の入門書である．統計学の歴史にも触れており統計学の諸概念が生まれた動機が解説されている．楽しく読める．

【共分散構造分析】

(3) 狩野裕・三浦麻子（2002）『グラフィカル多変量解析』現代数学社

(4) 朝野熙彦・鈴木督久・小島隆矢（2005）『入門共分散構造分析の実際』講談社

(3) は共分散構造分析（SEM）の理論と方法を解説した本である．SEM を用いると多変量解析をグラフィカルに立案し実行することができる．(4) は実務家向けのごく易しい入門書である．困った時のトラブルシューティングも書かれている．

### B　分析実行の助けになる本

(5) 上田隆穂他編著（2014）『リテールデータ分析入門』中央経済社

企業でマーチャンダイジングに携わっている実務家に勧めたい．デシル分析やショッピングバスケット分析のような定番の分析に始まり，顧客の特定，価格設定，ブランドロイヤルティの分析など，小売り関係者が学ぶべき内容がカバーされている．

Rについても沢山の本が出ているが，たとえば次のよう

な書籍がある.

(6) 垂水共之・飯塚誠也 (2006)『R/S-PLUSによる統計解析入門』共立出版

(7) 朝野熙彦編 (2017)『ビジネスマンがはじめて学ぶベイズ統計学——ExcelからRへステップアップ』朝倉書店

## C  ハンドブックとして身近においておきたい本

手元において必要な時に必要な個所を読めばよいという,ハンドブック的な性格の本もある.網羅的であり信頼できる本が手元にあると心強い.

(8) 永田靖 (2005)『統計学のための数学入門30講』朝倉書店

多変量解析の理論を理解するには微分と線型代数(内積,直交,逆行列,固有値,特異値分解)・数値最適化・確率分布についての知識があるとよい.この本でこれらの知識を得ることが出来る.

(9) 蓑谷千凰彦 (2010)『統計分布ハンドブック増補版』朝倉書店

多くの確率分布をカバーしていて内容的にも定評のあるハンドブック.

## D  本格的にじっくりと学びたい場合

多変量解析の基礎をじっくりと学びたい人には下記の本を勧めたい.記述を飛ばすことなく丁寧に書いているので論理展開を追いやすい.入手しづらければ図書館で探すとよいだろう.

(10) 竹内啓・柳井晴夫 (1972)『多変量解析の基礎』東洋

経済新報社

線型空間への射影というすっきりした概念で多変量解析を解き明かした本．この分野における名著．著者の柳井先生は大学入試センター退職パーティーで，「多変量解析の本を自分は何冊も執筆したが，中でも一番気に入っているのがこの本である」と話していた．

(11) 柳井晴夫 (1994)『多変量データ解析法——理論と応用』朝倉書店

主成分分析，予測と判別の方法，正準相関分析，質的データの数量化，因子分析，その他の手法に分類し，それぞれの理論的側面を紹介している．(10) と比べると，より多くのモデルを扱いながらもコンパクトな本にまとめている．

(12) 柳井晴夫・竹内啓（新版，1992）『射影行列・一般逆行列・特異値分解』東京大学出版会

最近，機械学習やディープラーニングのような非線型のモデルが注目されている．しかし，線型を知らなければ非線型の意味も理解できないだろう．この本で多変量解析の理論的基礎をなす線型代数学を勉強できる．完読するのに時間をかけるだけの価値がある1冊．

## 10.2 ユーザーがメーカーに望むこと

多変量解析のユーザーとして，常日頃感じている疑問と，メーカーに対する要望を3点述べたい．これらは，長

年にわたって,さして事態が改善されていない,古くて新しい問題である.

## (1) ソフトにオプションが多すぎる

多変量解析の方法自体が多岐にわたっているだけでなく,各方法それぞれについて,解法上のオプションや出力指定のオプションが増えてきている.これは親切なようでいて,かえってユーザーを困惑させることになり,有難迷惑なのである.

ワインについて素人の人に,分厚いワインリストをもってきて,さあ何にいたしましょうか? と聞いているのと等しい.この問題に対する対策は,次の3つである.

- 家電品の省機能,簡素化と同様,多変量解析もオプションを簡素化して,昔のような「お仕着せソフト」に戻ることである.因子分析のように,誰もが使いそうな方法で,しかも奥行きが深い方法については,こうした配慮が必要であろう.もし,どうしても従来のような「重たいソフト」が必要ならば,ショート・カット版とプロ向けのフル・サービスの2バージョンを提供するのもよい手である.

- データの自動診断と,多変量解析のメーカーの知識ベースをとりこんだ解析エキスパート・システムがもう1つの解決策である.従来からのソフトでも,デフォルト(無指定の場合の規定値)という形で,ささやかな意味ではエキスパート・システムを提供していたわけである.

**表 10.2** 報告書や論文に最低記載すべき出力

| | 各次元の固有値とその意味 | 行の出力情報 | 列の出力情報 | 分析全体に関する情報 |
|---|---|---|---|---|
| 数量化理論III類 | 正準相関係数の二乗 | ★サンプルスコア | アイテムスコア | 次元数と累積寄与率 |
| コレスポンデンス分析 | 正準相関係数の二乗 | 行スコア | 列スコア | 次元数と累積寄与率 |
| 主成分分析 | 主成分スコアの分散 | ★主成分スコア | 主成分係数 | 次元数と累積寄与率 |
| 因子分析 | 回転前の寄与の大きさ | ★因子得点 | 回転後の因子負荷量 | 次元数と累積寄与率 |
| クラスター分析 | 分析法による | クラスター重心とサイズ | | 相関比の幾何平均 |
| 重回帰分析 | なし | ★予測値 | 標準偏回帰係数とt検定の結果,偏相関係数 | 決定係数（または重相関係数）,F検定 |
| 数量化理論I類 | なし | ★予測値 | カテゴリースコア,偏相関係数 | 決定係数（または重相関係数）,F検定 |
| 正準相関分析 | 正準相関係数の二乗 | ★正準変量 | 正準係数 | 累積寄与率 |
| 重判別分析 | 相関比の二乗 | 判別スコアの重心 | 判別係数 | 正判別率 |
| 数量化理論II類 | 相関比の二乗 | 判別スコアの重心 | カテゴリースコア | 正判別率 |
| コンジョイント分析 | なし | 全体効用値 | 部分効用関数 | 各属性の寄与率,全体の適合度指標 |

注）★データ行列の行数が大きい場合は，通常記載を省略する．
注）分析法の配列は表 1.1 に対応させた．

　これからは，分析データに即してお勧め解析法を変化させ，しかもリアルタイムで適切なアドバイスを発生させる，というような個々の適用事態に「アダプティブな」ソフトが出てくるだろう．
- アウトプットが多過ぎて何を見ればよいのか迷うのは当然である．表 10.2 に多変量解析の最低限の出力を整理

した．

## (2) 解析手法の限界と欠点を明らかにしてほしい

多変量解析のメーカーは自らが編み出した方法が，いかに優れているのかを力説し，うまく当てはまった数値例（それもたいていは人工的な例）によって，有効性を実証してみせることが多い．仲間うちの研究者達も，批判を慎重に避ける傾向がある．

ところがユーザーの方は，現実の生々しい問題に本当にそうした多変量解析が答えを出してくれるのかを知りたいのである．これは経験的データにはノイズが多い，というだけの問題ではない．現象を動かしているメカニズムそのものが，多変量解析が暗黙のうちに仮定している制約条件を満たしているのか，という同型性の問題が重大だ．たとえば説明変数の主効果加法性や誤差の正規分布の仮定などである．モデル自体がどう仮定を設けようがそれは勝手であるが，現象がその仮定を満たすかどうかを確かめもしないで，単に入力データの形式（量的変数なのか質的変数なのか，とか変数の数）が当てはまるというだけで，盲目的に多変量解析を適用してしまうことが多い．これはユーザーの安易な使用に責任があるのはもちろんだが，方法論のメーカーやSPPのメーカーにも責任があると思う．「これこれの条件下ではこの方法を使ってはいけません」と断るべきなのは，すでに木下（1992）が指摘している通り製造者の責任（PL：製造物責任 Product Liability）といえよう．

台所用洗剤のメーカーだって，容器に「この品物は飲み込まないように注意」と書いているではないか．解析手法のよい所ばかりでなく，応用上の限界や，欠点も公表しなければ，いたずらに誤用が増え，そのことがひいては多変量解析全体に対するユーザーの不信を増幅することにつながろう．

もちろん，現実の適用場面における問題構造の複雑さ，目的関数の多様性，運用上の制約は，数学モデルの単純な定式化の想像を絶することがあり，開発者にも理解しきれないという面もあろう．そうした場合は，ユーザーの経験則こそが貴重な情報源なわけで，ユーザーの苦情と使用経験の情報がメーカーにフィード・バックされる仕組みを育て，広げてゆく必要がある．

### (3) 多変量解析の難しさ

本節では，多変量解析のユーザーという立場から，非専門家の声なき声を代弁してみたつもりである．

一般人向けの多変量解析のテキストを読むと，分析モデルを示し，ロス・ファンクション（または最適性基準）を定義し，数式を展開し，数値例を示せばそれでおしまい，というスタイルが多い．

けれどもユーザーにとっては，そうした理論的説明もさることながら，自分の抱えている業務上の課題に，どういう技法をどのように使えばよいのか，あるいはどう使ってはならないのか，という利用上のノウハウこそ知りたいと

ころなのである．

　たとえば，数量化理論Ⅰ類では，次元が退化すれば逆行列が求められない，という理論を知っていたところで，実際上は役に立たない．むしろ，現実にデータが与えられたときに，どの変数の組が一次従属になっているかを発見するには，データをどう点検すればよいか，が重要になる．

　このように何かトラブルが起きたとき，データをどのように吟味し，分析計画を手直しして困難をくぐり抜ければよいか，という角度から使い方の知見を集積することこそ肝要なのであって，それなしには，応用技術としての多変量解析の進歩もないのではないだろうか．

　その意味では，世に公表されがちな多変量解析のサクセス・ストーリーは，部外者を興奮させこそすれ，当事者であるユーザーには何の役にも立たない．多変量解析というものは，決して傍目ほど安直にできるものではないし，スマートなものでもない．泥まみれの悪戦苦闘にこそ，多変量解析を使いこなす真髄があると考える．

## 10.3　多変量解析を使いこなす5つの秘訣

ここで言いたいことは，次の通りである．

---

①マーケティング課題を解決することを目的にしよう
②自主調査の場合はデータを集める前に分析計画を立てよう．後知恵は役立たない

---

> ③ 多変量解析は, 使いながら覚えよう
> ④「はじめの言葉」は仮説の発見に役立たねばならない
> ⑤「終わりの言葉」はディシジョンに役立たねばならない

## (1) マーケティング課題を解決することを目的にしよう

多変量解析は何らかの利用目的があって使う手段のはずだが, 世の中のユーザーは多変量解析に夢中になって取り組んでいるうちに, そもそも何のために分析をはじめたのかを忘れてしまうことが多い. とかく手段が目的化してしまって, 問題意識がどこかへ飛んでいきがちなのである.

マーケティングの場合なら, 商品化戦略, 流通戦略, 販促戦略あるいはコミュニケーション戦略のための診断や発見, 予測, そしてディシジョンという目的があってデータから情報を抽出していたはずである.

しかし, 作業に追われ, 没頭しているうちに目的を忘れて, ともかくアウトプットが出ただけで, 安心したり喜んでしまう傾向がある. 常に, 「それでどうした？」「だから何だ？」英語でいえば "So what?" と自問し続ける精神をもつことが大事だと思う. 企業活動には, 目的のない活動などあり得ないのだ.

## (2) 自主調達の場合はデータを集める前に分析計画を立てよう．後知恵は役立たない

多変量解析の計画を，質問紙ができてから立てはじめる人がいる．もっとひどい場合はデータの収集も終わってしまって，集計段階に入ってから，さあどんな分析をしようかと考えはじめる人さえいる．これでは泥縄すぎる，というものだ．

私は調査を専門にしているので，よく「調査で何か多変量解析を使いたいのだが」という相談を受ける．そのとき，私は「調査は今どの段階なんですか？」と聞くことにしている．調査の企画段階で，まだ調査方法も質問紙も白紙です，という場合は，お手伝いすることにしているが，先程のように「もう質問紙の印刷は終わっています」というような場合は，「手遅れなので，お役に立てません．期待するだけ無駄ですよ」と答えることにしている．

これは，意地が悪くていっているのではなく，本来，調査というものは次の手順で計画を詰めてゆく必要があるからだ．

| | |
|---|---|
| ステップ① | マーケティング・アクションの取り得る選択肢は何か，その決定のためにはどのような情報が必要なのか？ |
| | ⇩ |
| ステップ② | 必要な情報を出力するためには，どのような解析法が必要か．ここで，多変量解 |

> 析を使う必要がないとしたら，無理やり多変量解析をかけることはない．必要な場合にのみ③に進む．
>
> ステップ③ 個々の多変量解析が必要とする入力データを得るには，どのような内容と形式をもった質問を用意しなければならないか．また，対象者層は誰であるべきで，データの量（サンプル数という）はどれだけ必要か？
>
> ⇩
>
> ステップ④ 調査対象者とサンプル数が確定する．
>
> ⇩
>
> ステップ⑤ 調査対象者にピンとくる言葉遣いや表現で，しかも③の要請を満たす質問紙を作成する．

要は，実作業の時間的な流れとはちょうど正反対に，調査企画の内容を固めていくべきなのである．質問文を作る作業は企画の出発点ではなく，企画が固まり分析計画もできてから最後に行う作業といってよい．朝野・上田（2000）は，このような計画手順を指して**バックワード・プランニング**と呼んでいる．

ビジネス活動のプロセスでいう PDS，つまりプラン（計画）→ドゥー（実行）→シー（評価）という区分からすると，

質問紙の作成はもはやプランではなく、ドゥーの段階に位置づけるべきであろう.

## (3) 多変量解析は、使いながら覚えよう

　多変量解析は奥行きが深く、多変量解析の各手法別に1冊ずつ、という密度で刊行書があっておかしくない. そこで真面目な人ほど、多変量解析の本を何冊も読破しなければ、多変量解析に取りかかってはならない、などと思い詰めがちである. しかし、このような読書本位の取り組み方は、少なくともユーザーとしては迂遠なアプローチといえよう. ともかく自社や自分の身の周りのデータをインプットして、何でもいいから市販のソフトを走らせてしまう！ これが多変量解析熟達の近道である. 昔から「百聞は一見にしかず」というではないか. パソコンを通じて多変量解析を学べばよい.

　アウトプットを見て疑問が出てきたら（必ず疑問が出てくるに違いないのだが……）、そこではじめて本で調べたり、詳しい人に教えてもらう、というアプローチがよい. どうせすぐに納得できないであろうが、1回の分析で深刻に考え込んだりしないで、データ行列を削除・追加したりだの、オプションで選べるパラメータを片っ端から実行してみるなど、ドンドン試行錯誤してみるべきだ.「コンピュータを湯水のように使おう！」最近のエンド・ユーザー・コンピューティングの情報環境はまさに、この使い方にピッタリなのだ. ともかく多変量解析を使っているうち

に，だんだんと多変量解析の性質やら限界がわかってくるものである．

特に，多変量解析の欠点だとか限界については，なぜかほとんどの多変量解析のテキストには書かれていない．これは，そうしたテキストは，解析モデルのメーカー筋の人が書いているため，①自分が作ったモデルの欠点は言いづらい，とか，②ユーザーではないため，多変量解析のどこに欠陥があり，なぜ問題とする現象に当てはまらないのかがわからない……という事情があるためだ．

## (4) はじめの言葉は仮説の発見に役立たねばならない

第1章で述べたように，前人未踏の密林に足を踏み入れて探検するのが「はじめの言葉」である．したがってあらかじめわかっていた事実を再確認するだけでは，多変量解析をかけた意味がない．データを分類・整理したあげく，「ではマーケティング戦略上何をすればよいか」という仮説が発見できてはじめて，多変量解析が役立ったということになる．ありきたりでない有力な仮説を発見することが主たる狙いになる．

はじめの言葉がとかく無責任な解釈論を生み出しがちなことは，当然の性質であり，必ずしも悪いことではないと考えている．もちろん，はじめの言葉それ自体で何かが実証されたわけではない．仮説の正当性を実証するためには，追加調査や検証実験をフォローすればよいのであって，こうした二の矢を継いではじめて確かなことがいえる

のである.

## (5) 終わりの言葉はディシジョンに役立たねばならない

　企業は常に,「ある目標を達成するためにはどうしたらよいか」という処方箋を求めている.「これこれの製品を作って,こう販売すれば,成功しますよ」という処方箋を出そうとするのが終わりの言葉である.第8章のコンジョイント分析がその代表的な方法であった.

　終わりの言葉は企業内のディシジョン・メーカーにこうしろと匕首(あいくち)を突きつけているわけだから,余程の自信がない限り口に出さない方が無難である.しかし,データの収集過程や分析過程を十分に精査・検討し,間違いないと確信できたら,大胆に終わりの言葉を言いきってしまおう.企業の経営者にしろ研究開発の技術者にしろ,「はっきりと進むべき方向を断定」してくれることを望んでいるのである.

# 引用文献

阿部淳一・村上雅則・田中尚・王堂健一・行村健治郎・山口義和・長島康弘・井上陽子 (1991) 顧客データの戦略的活用に基づく新製品コンセプトの開発―テレビ番組のコンセプト開発を中心として. 1991年度事例によるマーケティングリサーチ研究会報告書, 日本マーケティング協会, 45-57.

Addelman, S. (1962) Orthogonal main-effects plans for asymmetrical factorial experiments. *Technometrics*, **4**, 21-46.

天坂格郎・牧喜代司 (1991) 魅力ある車造りへの多変量解析手法の活用 (1), 第19回 日本行動計量学会大会発表論文集, 178-183.

Anderson, T. W. and Rubin, H. (1951) Statistical inference in factor analysis. *Proceedings of the third Berkeley Symposium on Mathematical Statistics and Probability*, **5**, Univ. of California Press, 111-150.

新井潤・島原万丈・橋爪清隆・松下久丹子・安富高子・松本香於里 (1992) 独身OLの夏休みの旅行, 新製品コンセプト構築の方法. 1992年度事例によるマーケティングリサーチ研究会報告書, 日本マーケティング協会, 65-79.

朝野熙彦 (1977) データの解析. 田内幸一 (編)『マーケティング情報システム』日本経済新聞社, 89-133.

朝野熙彦 (1979) コンジョイント分析の方法. 日経広告研究所報, **69**, 28-36.

朝野熙彦 (1981) コンジョイント分析に関する総合報告. マーケティング紀要, **2**, 1-25.

朝野熙彦 (1985)『行列・ベクトル入門』同友館.

朝野熙彦 (1990)『マーケティング・シミュレーション』同友館.

朝野熙彦 (1994) ファジィ判別分析による日本人の飲酒態度の測定. オペレーションズ・リサーチ, **39**, No.4, 196-202.

朝野熙彦 (1995) マーケティングにおけるデータ解析の実践. 高木廣文・柳井晴夫 (編)『HALBAUによる多変量解析の実践』現代数

学社, 81-94.

朝野熙彦 (1997) Conjoint 分析における価格処理の問題. 消費者行動研究, Vol. 4, No. 2, 27-41.

朝野熙彦 (1998) 消費者行動の予測を目的としたマーケット・セグメンテーション. マーケティング・サイエンス, **6**, No. 2, 45-66.

朝野熙彦・上田隆穂 (2000)『マーケティング&リサーチ通論』講談社.

Benzecri, J. P. (1973) *L'Analyse des Données*, Tom 2, Dunod.

Berry, M. J. A. and Linoff, G. (1997) *Data Mining Techniques: for Marketing, Sales, and Customer Support*. John Wiley & Sons, Inc. 〔邦訳：SAS インスティチュートジャパン・江原淳・佐藤栄作訳 (1999)『データマイニング手法』海文堂出版.〕

Caliński, T. and Harabasz, J. (1974) A dendrite method for cluster analysis. *Communications in Statistics*, **3**, 1-27.

Carroll J. D. (1972) Individual differences and multidimensional scaling. *In* R. N. Shepard, et al. (eds), *Multidimensional Scaling*, Vol. I. New York: Seminar Press, 105-155.

Carroll, J. D. and Green, P. E. (1995) Psychometric methods in marketing Research: Part I, conjoint analysis. *Journal of Marketing Research*, **32**, 385-391.

Cattin, P. and Wittink, D. R. (1982) Commercial use of conjoint analysis: A survey. *Journal of Marketing*, **46**, 44-53.

Carmone, F. J., Green, P. E. and Arun, K. J. (1978) Robustness of conjoint analysis: Some monté carlo results. *Journal of Marketing Research*, **15**, 300-303.

Forrester, J. W. (1958) Industrial dynamics. *Harvard Business Review*, **36**, No. 4, 37-66.

Green, P. E. and Rao, V. R. (1971) Conjoint measurement for quantifying judgmental data. *Journal of Marketing Resarch*, **8**, 355-363.

Green, P. E. and Wind, Y. (1973) *Multiattribute Decisions in Marketing: A Measurement Approach*. Hinsdale, Illinois: The Dryden Press, 251-253.

Green, P. E., Helsen, K. and Shandler, B. (1988) Conjoint internal validity under alternative profile presentations. *Journal of Consumer Research*, **15**, No. 3, 392-397.

Green, P. E. and Krieger, A. M. (1989) PC-based software for conjoint-analysis choice simulators and related methodology. Wharton School, University of Pennsylvania.

Green, P. E. and Srinivasan, V. (1990) Conjoint analysis in marketing: New developments with implications for research and practice. *Journal of Marketing*, **54**, October, 3-19.

Greenacre, M. J. (1994) Correspondence analysis and its interpretation. In Greenacre, M. J. and Blasius, J. (eds), *Correspondence Analysis in the Social Sciences*. Academic Press, 3-22.

Guttman, L. (1941) The quantification of a class of attributes: A theory and method of scale construction. *In* Horst, P., et al., *The Prediction of Personal Adjustment*. Social Science Research Council, 319-348.

博報堂 (1983)「テクノ・マーケティング―市場が見える新戦略手法」日本能率協会.

原敦・有賀勝・小林恵一・永田優子・高橋紀子・堀雅子・芦谷瀬岐 (1990) 生活価値観によるセグメンテーション, ヤング~ヤングアダルト OL のアフター 5 の過ごし方. 1990 年度事例によるマーケティングリサーチ研究会報告書, 日本マーケティング協会, 33-38.

原田昭 (1983) MV の社会的受容性についての研究. 国際科学振興財団―デザイン開発技術研究, No. 104.

原田昭 (1984) デザインコンセプトの評価と適合化デザイン. AXIS, No. 10, 12-15.

Hayashi, C. (1952) On the prediction of phenomena from qualitative data and the quantification of qualitative data from the mathematico-statistical point of view. *Annals of the Institute of Statistical Mathematics*, **3**, 69-98.

林知己夫 (1956) 数量化理論とその応用例 (II). 統数研彙報, 第 4 巻

2号, 19-30.

樋口正美・轡田正郷・小櫃知克 (1997) コンジョイント分析を活用した商品企画・開発, 日本品質管理学会第 27 回年次大会講演・研究発表要旨集, 27-30.

Hoerl, A. E. and Kennard, R. W. (1970) Ridge regression: Biased estimation for nonorthogonal problems, *Technometrics*, **12** (1), 55-67.

Hopkins, D. S. P., Larréché, J. C. and Massy, W. F. (1977) Constrained optimization of a university administrator's preference function. *Management Science*, **24**, 365-377.

Howard, J. A. and Sheth, J. N. (1969) *The Theory of Buyer Behavior*. New York: John Wiley & Sons.

池田宏和・和久定信・肥田安称女・田中道文・奥山祥朗・遠藤敏之・栗原恵理子 (1991) コンジョイント分析. 1991 年度事例によるマーケティングリサーチ研究会報告書, 日本マーケティング協会, 65-69.

井上勝雄 (1998)『パソコンで学ぶ多変量解析の考え方』筑波出版会.

Johnson, R. M. (1974) Trade-off analysis of consumer values. *Journal of Marketing Research*, **11**, 121-127.

Johnson, R. M. (1975) A simple method for pairwise monotone regression. *Psychometrika* **40**, 163-168.

Johnson, R. M. (1987) Adaptive conjoint analysis. *In Sawtooth Software Conference on Perceptual Mapping, Conjoint Analysis, and Computer Interviewing*. Ketchum, ID: Sawtooth Software, 253-265.

狩野裕 (1993) 共分散構造分析モデルと統計的推測. 数理科学, 355, 77-84.

狩野裕 (1997)『AMOS, EQS, LISREL によるグラフィカル多変量解析』現代数学社.

Kass, G. (1980) An exploratory technique for investigating large quantities of categorical data. *Applied Statistics*, **29**, No. 2, 119-127.

神田範明・樋口正美 (1998)『ヒット商品を生む 7 つ道具 共創時代の商品企画ガイド』産能大学出版部.

片平秀貴（1987）『マーケティング・サイエンス』東京大学出版会.

片平秀貴（1991）『新しい消費者分析—LOGMAP の理論と応用』東京大学出版会.

Kendall, M. G. (1975) *A Course in Multivariate Analysis*. London, Griffin.

木村香代子（1997）Rating based conjoint と choice based conjoint の比較. マーケティング・サイエンス, **5**, No. 1・2, 56-69.

木下冨雄（1992）多変量解析に対するユーザーのニーズ. 行動計量学, 19巻1号, 40-48.

北形正人（1987）食品の新商品開発のためのコンジョイント分析の適用事例. 日本マーケティング・リサーチ協会セミナー発表予稿集, 51-53.

小玉陽一（1984）『システム・ダイナミックス入門』講談社.

小玉陽一（1985）『パソコン BASIC システムダイナミックス』東海大学出版会.

小島博・信時裕・大塔達也（1994）使う立場から見た多変量解析パートⅢ, 就職調査と世論調査の活用例. マーケティング・リサーチャー, No. 70, 26-41.

町野正博・風間友太（1999）尺度の最適変換を伴う回帰分析の適用事例. 日本 SAS ユーザー会総会および研究発表会論文集, 37-44.

Malhotra, N. K. (1982) Structural reliability and stability of nonmetric conjoint analysis. *Journal of Marketing Research*, **19**, 199-207.

松本彰・加藤富士子・今井和人・森本清文・洪性薫・有田俊介・永瀬紀子（1995）栄養バランス食品の新コンセプト開発研究. 1995年度事例によるマーケティングリサーチ研究会報告書, 日本マーケティング協会, 29-47.

真柳麻誉美（2000）バニラアイスの設計と官能評価特性—コンジョイント分析による最適設計条件の探索と設計条件が与える官能評価への影響の解明—日本科学技術連盟第 23 回多変量解析シンポジウム発表要旨, 123-132.

Milligan, G. W. and Cooper, M. C. (1985) An examination of procedures for determining the number of clusters in a data set. *Psychometri-*

*ka*, **50**, No. 2, 159-179.

魅力工学サイバーラボラトリー (1997)「魅力あるガソリンスタンド調査報告書」.

宮川公男・小林秀徳 (1988)『システム・ダイナミックス』白桃書房.

水野誠 (1989) PC との対話による商品コンセプトテスト—個人化コンジョイント分析の一応用. マーケティング・サイエンス, **33**, 29-35.

Moore, W. L. and Holbrook, M. B. (1990) Conjoint analysis on objects with environmentally correlated attributes: The questionable importance of representative design. *Journal of Consumer Research*, **16**, No. 4, 490-497.

Morgan, J. N. and Sonquist, J. A. (1963) Problems in analysis of survey data and a proposal. *Journal of the American Statistical Association*, **58**, 415-434.

Morgan, J. N. and Messenger, R. C. (1973) THAID-A sequential analysis program for the analysis of nominal scale dependent variables. Ann Arbor: Survey Research Center, Institute for Social Research, The University of Michigan.

永松純・香川眞 (1978) Marketing における conjoint measurement の適用. 第6回日本行動計量学会発表論文集, 90-91.

中野純司・山本由和・岡田雅史 (1991) 知識ベース重回帰分析支援システム, 応用統計学, **20** (3), 11-24.

日本広告主協会 (1972)「週刊誌広告, リーダーシップ・スコアの予測」.

野口博司・磯貝恭史 (1992) コンジョイント解析. 大阪大学教養部研究集録 (人文・社会科学) 第40輯, 113-148.

奥田和彦・阿部周造編 (1987)『マーケティング理論と測定—LISREL の適用』中央経済社.

Osgood, C. E., Susi, G. J., and Tannenbaum, P. H. (1957) *The Measurement of Meaning*. Urbana: Univ. Illinois Press.

Osgood, C. E. (1962) Studies on the generality of affective meaning systems, *Amer. Psychologist*, **17**, 10-28.

Pekelman, D. and Sen, S. K. (1979) Measurement and estimation of conjoint utility functions. *Journal of Consumer Research*, 5, 263-271.

斉藤精良 (1991) 商品開発プロセスにおけるマーケティング分析の活用. KOKEN・セミナー資料, 構造計画研究所.

斎藤堯幸 (1978) 加法的複合測定法による贈物の効用の測定. 行動計量学, 6, No. 1, 9-20.

佐久間正之 (1991) コンジョイント分析の動向と課題「市場調査白書1991年版」日本マーケティング・リサーチ協会, 71-82.

芝井麻里・関口延裕・山住広昭・木内杉奈・熊田尚子・山下良 (1993) シャンプーのポジショニング分析およびターゲット・セグメンテーション. 1993年度 事例によるマーケティングリサーチ研究会報告書, 日本マーケティング協会, 9-18.

芝祐順 (1981) 因子分析法のための会話型プログラム. 東京大学教育学部紀要, 21, 53-65.

高木廣文 (1994) 『HALBAU-4 マニュアルIII. 多変量解析編』現代数学社.

豊田秀樹・前田忠彦・柳井晴夫 (1992) 『原因をさぐる統計学』講談社ブルーバックス.

豊田秀樹 (1992) 『SAS による共分散構造分析』東京大学出版会.

豊田秀樹 (1996) 『非線形多変量解析―ニューラルネットによるアプローチ』朝倉書店.

豊田秀樹 (1998a) 『共分散構造分析 [入門編]―構造方程式モデリング』朝倉書店.

豊田秀樹 (1998b) 『共分散構造分析 [事例編]―構造方程式モデリング』北大路書房.

豊田秀樹 (2000) 『共分散構造分析 [応用編]』朝倉書店.

Tukey, J. W. (1977) *Exploratory Data Analysis*. Addison-Wesley.

上田隆穂 (1987) ヤング世代の重視する製品属性の検討及びシェアのシミュレーション―コンジョイント分析フルプロファイル法の利用. 学習院大学経済論集, 24, No. 1, 1-23.

宇治川正人・安藤武彦・生部圭助 (1983) 集合住宅における数理的手

法の適用．オペレーションズ・リサーチ，210-218.

宇治川正人（1989）リゾート施設の魅力の構造．オペレーションズ・リサーチ，**34**, No. 8, 396-401.

運輸省第一港湾建設局（1975）日本海地域の開発意識調査．

Westwood, D., Lunn, T. and Beazley, D. (1974) The trade-off model and its extensions. *Journal of the Market Research Society*, **16**, 227-241.

Wittink, D. R. and Cattin, P. (1989) Commercial use of conjoint analysis: An update. *Journal of Marketing*, **53**, 91-96.

Wright, S. (1934) The method of path coefficients. *Annals of Math. Stat.*, **5**, 161-215.

屋井鉄雄（1993）交通行動分析における非集計モデルの発展．多変量解析研究会資料，大学入試センター，1-14.

柳井晴夫・他（1990）『因子分析―その理論と方法』朝倉書店．

柳井晴夫（1994）『多変量データ解析法―理論と応用』朝倉書店．

吉田茂（1988）『経営シミュレーション』オーム社．

# 付　録

　ここでは，多変量解析早わかりのための付録として，線型代数を少し補足しておく．

## (1) 行列とベクトルの種類

$$I = \begin{bmatrix} 1 & & & 0 \\ & 1 & & \\ & & \ddots & \\ 0 & & & 1 \end{bmatrix}$$

を単位行列といい，$A^{-1}A = AA^{-1} = I$ となるような $A^{-1}$ を $A$ の逆行列と呼ぶ．

$$\mathbf{1} = \begin{bmatrix} 1 \\ 1 \\ \vdots \\ 1 \end{bmatrix}$$

は単位ベクトル，または要素がすべて1の定数ベクトルという．

　また要素がすべて0の定数ベクトルをゼロベクトルという．

$$\mathbf{0} = \begin{bmatrix} 0 \\ 0 \\ \vdots \\ 0 \end{bmatrix}$$

　行列やベクトルに対して単一の数のことをスカラーといい，小文字のイタリックのアルファベットで表す．ベクトルは特に断らない限り，列ベクトルとする．行と列の入れ替えを転置（transpose）といって $'$ で表す．したがって $\mathbf{1}' = [1\ 1\cdots 1]$ は行ベクトルになる．行列の場合は転置行列という．転置しても元のままと変わらない行列を対称行列（$S' = S$）という．

　行と列の次数が $n$ 次で等しい場合の行列を（$n$ 次の）正方行列と呼ぶ．正方行列 $A$ の主対角要素 $a_{11}, a_{22}, a_{33}, \cdots$ の和をトレース（trace）と呼び，$\mathrm{tr}(A)$ と書く．たとえば，$n$ 次の単位行列のトレースは，1を

$n$ 個足すことになるので,$n$ である.

$n$ 次の正方行列 $X = [x_1\ x_2\ \cdots\ x_n]$ において,関数 $f(X) = \phi(x_1, x_2, \cdots, x_n)$ が,各 $x_j$ について線型で,$x_i$ と $x_j$ を入れ替えると符号が変わるだけのスカラー関数であるとき,$f(X)$ を $X$ の行列式と呼び $\det(X)$ と書く.

(2) 行列とスカラーの計算

$$A + B = B + A$$
$$(A + B) + C = A + (B + C)$$
$$kA = Ak \quad \text{ただし } k \text{ は任意のスカラー}$$
$$(AB)C = A(BC)$$
$$A(B + C) = AB + AC$$
$$k(B + C) = kB + kC$$
$$IA = A, \quad AI = A$$

(3) 内積とノルムについての性質

$\|x\|^2 = (x, x)$ …… この $\|x\|$ を $x$ のノルムと呼ぶ.

$\|x + y\|^2 = \|x\|^2 + \|y\|^2 + 2(x, y)$

$(kx, y) = k(x, y)$ ただし $k$ は任意のスカラー

$\|x\| = 0 \iff x = 0$

次数の等しい2つのベクトル $x$ と $y$ ($x \neq 0, y \neq 0$) の間で,
$$\cos\theta = \frac{(x, y)}{\|x\|\|y\|}$$
によって定義される角度 $\theta$ を,$x$ と $y$ の角という.

(4) ベクトルと行列についての偏微分

$$\frac{\partial(a, x)}{\partial x} = a \qquad \frac{\partial(x, x)}{\partial x} = 2x$$

$$\frac{\partial(Ax)}{\partial x} = A$$

$S$ を対称行列 ($S' = S$) とすれば $\dfrac{\partial x' S x}{\partial x} = 2Sx$

## (5) 固有値と固有ベクトル

$p$ 次の正方行列 $A$ について,$Ax=\lambda x$ を満たすとき,$\lambda$ を行列 $A$ の固有値(eigenvalue),$x$ を固有ベクトル(eigenvector)と呼ぶ(ただし,$x \neq 0$).

$p$ 次の対称行列 $S$ が $p$ 個の正の固有値をもつとして,それを主対角要素とする対角行列を $\Lambda$,これに対応する固有ベクトル $q_1, q_2, \cdots, q_p$ を順に並べた行列を $Q$ とすると,$S=Q\Lambda Q'$ と分解できる.これを行列 $S$ のスペクトル分解と呼ぶ.

$$S = \begin{bmatrix} q_{11} & \cdots & q_{1p} \\ \vdots & & \vdots \\ q_{p1} & \cdots & q_{pp} \end{bmatrix} \begin{bmatrix} \lambda_1 & & 0 \\ & \lambda_2 & \\ & & \ddots \\ 0 & & \lambda_p \end{bmatrix} \begin{bmatrix} q_{11} & \cdots & q_{p1} \\ \vdots & & \vdots \\ q_{1p} & \cdots & q_{pp} \end{bmatrix}$$

## (6) 特異値分解

特異値分解(singular value decomposition, SVD)は対称行列 $S$ のスペクトル分解を矩形行列に一般化したもので,階数 $t$ の $p \times q$ 行列 $X$ が次のように分解できる,というものである.

$$X = U\Lambda V' \qquad \cdots\cdots ①$$

ここで,$U, V$ はそれぞれ $p \times t, q \times t$ の列直交行列($U'U=V'V=I_t$).$\Lambda$ は $t$ 次の正値(pd)の対角行列で,その対角要素を $X$ の特異値と呼ぶ.特異値 $\lambda_1, \lambda_2, \cdots, \lambda_t > 0$ は大きい順に並んでいるものとする.特異値に重根がない限り,①式の分解は $U, V$ の列ベクトルの符号反転を除いて一意に定まる.

$$XX'U = U\Lambda^2 \qquad \cdots\cdots ②$$
$$X'XV = V\Lambda^2 \qquad \cdots\cdots ③$$

ここで $U$ は $XX'$ の非ゼロ固有値に対応する固有ベクトル行列,$V$ は $X'X$ の非ゼロ固有値に対応する固有ベクトル行列である.また $\Lambda^2$ は,$XX'$ または $X'X$ の非ゼロ固有値を対角要素とする対角行列で,$\Lambda$ はその平方根因子になる.

## 文庫版あとがき

 このたび本書が文庫として新しく刊行されることになったのは,私にとって大変うれしいことである.しかも古今の名著をそろえた「ちくま学芸文庫」に加えられたことは,うれしいだけでなく光栄でもある.
 さて本書は,自分も多変量解析を使いたいとお考えの実務家のために書いた入門書である.多変量解析の入門書はすでにたくさんの成書があるが,その中で本書の特徴を述べれば,「実務家のための入門書」という一言につきる.旧版の刊行後,ある読者から次のようなレビューを頂戴した.
 「数式を極力使わずに多変量解析のエッセンスをわかりやすく解説している.はじめの言葉と終わりの言葉という的確な表現で,探索的な解析と目的をもった分析を表し,解析のための解析を強く戒める筆者の主張は力強い.調査分析のベテランにも示唆するところが多く,単なるテクニックだけでなく解析者の姿勢も教えてくれる濃密な入門書である.」
 私が本書で提唱した多変量解析についての「はじめの言葉」と「終わりの言葉」という区分は,その後刊行物を含

めていろいろな場面で引用されるようになった．データの形式で多変量解析を分類することは本質的な分類ではなく，何のために分析したいのかが大切なのだ，というのが私の主張であった．

またその他にも，「統計学は知らず知らずのうちに勘違いをしていたり，誤用していることがある．それを指摘してくれる」，とか「トラブル・シューティングが本書を象徴している」というような読者のコメントをいただいた．読者の皆様に有難く御礼申し上げたい．

さて今回の文庫本化にあたり，私のこれまでの主張を変える必要はないと考えたので基本的にはそのまま文庫に掲載した．もちろん，多少は解説を補足し表現を改めた箇所もあるが，大幅な加筆はしていない．

ただし 10.1 節の多変量解析のソフトウェアの紹介だけは，さすがに執筆時点とは状況が変化しているので，この機会に全面的に書き直した．なにしろソフトウェアの販売会社が変わったり，新しいソフトウェアが登場するなどの大きな変化があったからである．

旧版に対して次の推薦文を書いてくださったのが，多変量解析の分野で高名な柳井晴夫先生であった．

「本書は，読者にいきなり多変量解析をわからせる本といってよい．なぜなら，本書の筆者は 30 年近くもマーケティングの第一線で仕事をしてきた人で，実務家がどうい

う悩みをかかえながら，多変量解析と悪戦苦闘しているか，身にしみてわかっているからである．

　内容的には，因子分析やクラスター分析，数量化理論など産業界でポピュラーに利用されている手法を平易に解説し，豊富な適用例をとりあげている．さらに，随所に見られる○○手法はこう使う！　といった明快なコメントや，さまざまなトラブル・シューティングの技法の紹介は，ユーザーの人々にとって有益であることは間違いない．

　ユーザーによるユーザーのための入門書が，数式を得意としない人たちには必要なのだ，という筆者の信念がストレートに感じとれる好著である．」

　柳井先生との出会いは私の母校である千葉大学に，先生が教員として赴任されたのがきっかけであった．その後，柳井先生が大学入試センターに転任されてからも，先生主催による多変量解析研究会にお誘いいただいた．多変量解析の世界に私を導いてくださった恩師である．

　21世紀に入り，統計学とデータサイエンスは社会からますます注目を集めるようになってきた．分析力が企業経営の武器になるとか，統計学の威力といったテーマの書籍が現れ雑誌特集が組まれるようになった．

　近年，AI（人口知能）と機械学習が社会の関心を集めている．チェスのDEEP BLUEや囲碁のAlpha Goは人間のチャンピオンや名人に勝ったことで有名になった．これらの対戦型AIでは第6章の重回帰分析と第7章の判別分析

が局面評価のために使われている．優勢か劣勢かの評価関数に用いる説明変数は第3章の主成分分析を利用して変数を絞り込んでいる．このように多変量解析は対戦型 AI の推論エンジンとして働いているのである．

またPOSデータからのルール発見やネット上のレコメンデーションで活躍している機械学習もそのルーツは第9章で紹介したディシジョンツリーにある．またビッグデータは必然的に多変量にならざるを得ない．したがって多変量解析の実用的な価値はこれからもますます増していくだろう．読者が本書を通じて多変量解析に気持ちよく入門され，多変量解析を上手に使いこなせるようになることを願っている．

2018年4月10日

朝野 熙彦

# 索　引

## ア　行

EPA 説　102
一次結合　linear combination　34, 145
一次従属　linearly dependent　39
一次独立　linearly independent　39
イメージ空間　71
イメージ・プロフィール　image profile　90
因果モデル　causal model　235
因子得点　factor score　88
因子負荷量　factor loading　93, 94
因子分析　factor analysis　87
VIF　Variance Inflating Factor　157
ウエイトバック（ウエイトづき集計）weighted tabulation　230
ウォード法　Ward's method　122
AID　Automatic Interaction Detector　236
ACA　Adaptive Conjoint Analysis　200
SMC　Squared Multiple Correlation　109
SD グラフ　90
SD 法　Semantic Differential Method　88, 102
STM　Simulated Test Marketing　192
MDS　Multidimensional Scaling　60

オッカムのカミソリ　Ockham's razor　13
終わりの言葉　17

## カ　行

回帰診断　regression diagnostic　158
階層的方法　hierarchical method　116, 118
回答パターン行列　48, 173
CHAID　Chi squared Automatic Interaction Detector　238, 239
ガットマン・スケール　Guttman scale　47
カテゴリースコア　category score　53
間隔尺度　interval scale　41, 42
疑似 $F$ 統計量　pseudo $F$ statistic　137
規準化　normalization　29
規準化データ　normalized data　29
基準変数　criterion variable　17, 142
共通性　communality　96
共分散構造分析　covariance structure analysis　235
行列　matrix　21
行列式　determinant　157
寄与率　contribution rate　76, 98, 151, 203
空間布置　configuration　16, 219
クラスターの類型化　127

クラスター分析 cluster analysis 61, 112
クロス集計 cross tabulation 168, 169, 178
決定係数 coefficient of determination 151
検証的因子分析 confirmatory factor analysis 236
交互作用 interaction 232
合成変数 composite variable 43
固有値 eigenvalue 76, 94, 99, 175
固有ベクトル eigenvector 68, 79
コレスポンデンス分析 correspondence analysis 46, 49, 173
コンジョイント分析 conjoint analysis 184

サ 行

最小二乗法 least squares method 146
最短距離法（最近隣法） nearest-neighbor method 122
THAID 238
サンプルスコア sample score 54
CN Condition Number 157
時系列 time series 219
次元 dimension 42
システム・ダイナミックス System Dynamics 241
質的データ qualitative data 42
主因子解法 principal factor solution 93
重回帰分析 multiple regression analysis 141
重相関係数 multiple correlation coefficient 151
重判別分析 multiple discriminant analysis 180
主成分分析 PCA, Principal Component Analysis 65
主成分への回帰 RPC, Regression on Principal Component 164
順序尺度 ordinal scale 40, 41
水準 level 188
数値分類法 numerical taxonomy 136
数量化理論 quantification theory 244
数量化理論I類 152
数量化理論II類 177
数量化理論III類 46, 50
スカラー scalar 26, 120
スクリープロット scree plot 99
スペクトル分解 spectrum resolution 161, 281
正準相関係数 canonical correlation coefficient 172
正準相関分析 canonical correlation analysis 166
製品コンセプト product concept 189
節減の原理 principle of parsimony 13
説明変数 explanatory variable 17, 142
線型モデル linear model 33
選好回帰 preference mapping 60
選好ベクトル preference vector 61
潜在変数 latent variable 43
相関行列 correlation matrix 66
相関係数 correlation coefficient

30
属性 attribute 188
測定変数 observed variable 43
損失関数 loss function 125

## タ 行

対角行列 diagonal matrix 86
代入法 imputation 225
多重共線性 multicollinearity 156, 179
多属性態度モデル multi attribute-attitude model 184
多変量解析 multivariate analysis 13
多変量データ multivariate data 20
ダミー変数 dummy variable 47, 82
ダミー変数行列 dummy variable matrix 49, 174
単位行列 identity matrix 85
探索的因子分析 exploratory factor analysis 236
タンジブル tangible 139
単純構造 simple structure 101, 162
チェイン効果 chain effect 122
超属性 super attribute 198
直交 orthogonal 31, 85
直交化 orthogonalization 113
直交配列 orthogonal array 163, 191
転置 transpose 26
デンドログラム dendrogram 116
統計量 statistic 26
独自性 uniqueness 96

トレース trace 86, 279

## ナ 行

内積 inner product 26, 95, 172
2段階法 two-stage procedure 193
認知空間 cognitive space 102
ノルム norm 68, 120, 145

## ハ 行

はじめの言葉 15
パス解析 path analysis 234
パターン分類 pattern classification 46, 63
バックワード・プランニング backward planning 267
バリマックス回転 varimax rotation 101
判別分析 discriminant analysis 179
非階層的方法 nonhierarchical method 116, 118
非対称直交配列 asymmetrical orthogonal array 163
ピタゴラスの定理 the Pythagorean theorem 121, 150
標準偏差 SD, standard deviation 28
比率尺度 ratio scale 41, 42
VIF 分散増幅因子 variance inflating factor 157
部分効用関数 part-worth (utility) function 187
ブランド空間 71
ブリッジング bridging 199
PREFMAP preference mapping 60

プロクラステス法　Procrustes method　224
プロマックス回転　PROMAX rotation　224
分散　variance　27, 85
分散共分散行列　variance-covariance matrix　66
平均偏差　deviation from the mean　25
平方和　sum of squares　149
ベクトル　vector　23
偏回帰係数　partial regression coefficient　148
変数　variable　43
変数選択法　variable selection method　160
偏相関係数　partial correlation coefficient　155
変動　variation　149
ポジショニング分析　positioning analysis　56

## マ 行

マーケット・セグメンテーション　market segmentation　113
マルチコ（多重共線性）　multicollinearity　156, 179
無相関　uncorrelated　31
名義尺度　nominal scale　40, 41
モンテカルロ法　Monte Carlo method　137

## ヤ 行

山登り法　hill climbing method　208〜212
ユークリッド距離　Euclidean distance　119
予測　prediction　141, 216

## ラ 行

離散化　discretize　237
リッジ回帰　ridge regression　160
量的データ　quantitative data　42
累積寄与率　cumulative contribution rate　76

本書は二〇〇〇年十月二十日、講談社から刊行された。

|  |  |  |
|---|---|---|
| 熱学思想の史的展開1 | 山本義隆 | 熱の正体は? その物理的特質とは? 著者による壮大な科学史。『磁力と重力の発見』の著者による壮大な科学史。熱力学入門書としての評価も高い。全面改稿。 |
| 熱学思想の史的展開2 | 山本義隆 | 熱力学はカルノーの一篇の論文に始まり骨格が完成した。熱素説に立ちつつも、時代に半世紀も先行していた。理論のヒントは水車だったのか? |
| 熱学思想の史的展開3 | 山本義隆 | 隠された因子、エントロピーがついにその姿を現わす。そして重要な概念が加速的に連結し熱力学が体系化されていく。格好の入門篇。全3巻完結。 |
| 数学がわかるということ | 山口昌哉 | 非線形数学の第一線で活躍した著者が〈数学とは〉をしみじみと、〈私の数学〉を楽しげに語る異色の数学入門書。 |
| カオスとフラクタル | 山口昌哉 | ブラジルで蝶が羽ばたけば、テキサスで竜巻が起こりの文章を正確で読みやすいものにするには? カオスやフラクタルの不思議をさぐる本格的入門書。 |
| 数学文章作法 基礎編 | 結城浩 | レポート・論文・プリント・教科書など、数式まじりの文章を正確で読みやすいものにするには?『数学ガール』の著者がそのノウハウを伝授! |
| 数学文章作法 推敲編 | 結城浩 | ただ何となく推敲していませんか? 語句の吟味・全体のバランス・レビューなど、文章をより良くするために効果的な方法を、具体的に学びましょう。 |
| 数学序説 | 吉田洋一 赤攝也 | 数学は嫌いだ、苦手だという人のために。幅広いトピックを歴史に沿って解説。刊行から半世紀以上にわたって読み継がれてきた数学入門のロングセラー。 |
| ルベグ積分入門 | 吉田洋一 | リーマン積分ではなぜいけないのか。反例を示しつつ、ルベグ積分誕生の経緯と基礎理論を丁寧に解説。いまだ古びない往年の名教科書。(赤攝也) |

|  |  |  |
|---|---|---|
| 生物学のすすめ | ジョン・メイナード=スミス 木村武二 訳 | 現代生物学では何が問題になるのか。20世紀生物学に多大な影響を与えた大家が、複雑な生命現象を理解するためのキー・ポイントを易しく解説。 |
| 現代の古典解析 | 森 毅 | 極限と連続に始まり、指数関数と三角関数を経て、偏微分方程式に至る。見晴らしのきく、読み切り22講義。 |
| 数の現象学 | 森 毅 | $4×5$と$5×4$はどう違うの? きまりごとの算数からその深みへ誘う認識論的数学エッセイ。日常の中の数を歴史文化に探る。(三宅なほみ) |
| ベクトル解析 | 森 毅 | 1次元線形代数学から多次元へ、1変数の微積分から多変数へ。応用面と異なる、教育的重要性を展開するユニークなベクトル解析のココロ。 |
| 対談 数学大明神 | 安野光雅 森 毅 | 数楽的センスの大饗宴! 読み巧者の数学者と数学ファンの画家が、とめどなく繰り広げる興趣つきぬ数学談義。(河合雅雄・亀井哲治郎) |
| 応用数学夜話 | 森口繁一 | 俳句は何兆まで作れるのか? 安売りをしてもっとも効率的に利益を得るには? 世の中の現象と数学をむすぶ読み切り18話。(伊理正夫) |
| フィールズ賞で見る現代数学 | マイケル・モナスティルスキー 眞野元 訳 | 「数学のノーベル賞」とも称されるフィールズ賞。その誕生の歴史、および第一回から2006年までの歴代受賞者の業績を概説。 |
| エレガントな解答 | 矢野健太郎 | ファン参加型のコラムはどのように誕生したか。師アインシュタインと相対性理論、パスカルの定理などやさしい数学入門エッセイ。(一松信) |
| 思想の中の数学的構造 | 山下正男 | レヴィ=ストロースと群論? ヘーゲルと解析学、孟子と関数概念の遠近法主義、ニーチェやオルテガの……。数学的アプローチによる比較思想史。 |

|  |  |  |
|---|---|---|
| πの歴史 | ペートル・ベックマン<br>田尾陽一／清水韶光訳 | 円周率だけでなく意外なところに顔をだすπ。ユークリッドやアルキメデスによる探究の歴史に始まり、オイラーのπの発見したπの不思議にいたる。 |
| やさしい微積分 | L・S・ポントリャーギン<br>坂本實訳 | 微積分の基本概念・計算法を全盲の数学者がイメージ豊かに解説。版を重ねて読み継がれる定番の入門教科書。練習問題・解答付きで独習にも最適。 |
| フラクタル幾何学（上） | B・マンデルブロ<br>広中平祐監訳 | 「フラクタルの父」マンデルブロの主著。膨大な資料を基に、地理・天文・生物などあらゆる分野から事例を収集・報告したフラクタル研究の金字塔。 |
| フラクタル幾何学（下） | B・マンデルブロ<br>広中平祐監訳 | 「自己相似」が織りなす複雑で美しい構造とは。その数理とフラクタル発見までの歴史を豊富な図版とともに紹介。 |
| 数学基礎論 | 前原昭二 | 集合をめぐるパラドックス、ゲーデルの不完全性定理からファジー論理、P＝NP問題などのより現代的な話題まで。大家による入門書。（田中一之） |
| 現代数学序説 | 松坂和夫 | 『集合・位相入門』などの名教科書で知られる著者による、懇切丁寧な入門書。組合せ論・初等数論を中心に、現代数学の一端に触れる。（荒井秀男） |
| 工学の歴史 | 三輪修三 | オイラー、モンジュ、フーリエ、コーシーらは数学者であり、同時に工学の課題に方策を授けていた。「ものつくりの科学」の歴史をひもとく。 |
| ユークリッドの窓 | レナード・ムロディナウ<br>青木薫訳 | 平面、球面、歪んだ空間、そして……。幾何学の世界は今なお変化し続ける。『スタートレック』の脚本家が誘う三千年のタイムトラベル。 |
| ファインマンさん 最後の授業 | レナード・ムロディナウ<br>安平文子訳 | 科学の魅力とは何か？ 創造とは、そして死とは？ 老境を迎えた大物物理学者との会話をもとに書かれた、珠玉のノンフィクション。（山本貴光） |

|  |  |  |
|---|---|---|
| ゲームの理論と経済行動Ⅰ（全3巻） | ノイマン／モルゲンシュテルン 銀林／橋本／宮本監訳 | 今やさまざまな分野への応用いちじるしい「ゲーム理論」の嚆矢とされる記念碑的著作。第Ⅰ巻はゲームの形式的記述とゼロ和2人ゲームについて。 |
| ゲームの理論と経済行動Ⅱ | ノイマン／モルゲンシュテルン 阿部／橋本訳 | 第Ⅰ巻でのゼロ和2人ゲームの考察を踏まえ、第Ⅱ巻ではプレイヤーが3人以上の場合のゼロ和ゲーム、およびゲームの合成分解について論じる。 |
| ゲームの理論と経済行動Ⅲ | ノイマン／モルゲンシュテルン 銀林／下島訳 | 第Ⅲ巻では非ゼロ和ゲームにまで理論を拡張、これまでの数学的結果をもとにいよいよ経済学的解釈を試みる。全3巻完結。　（中山幹夫） |
| 計算機と脳 | J・フォン・ノイマン 柴田裕之訳 | 脳の振る舞いを数学で記述することは可能か？ 現代のコンピュータの生みの親でもあるフォン・ノイマン最晩年の考察。新訳。　（野﨑昭弘） |
| 数理物理学の方法 | J・フォン・ノイマン 伊東恵一編訳 | 多岐にわたるノイマンの業績を展望するための文庫オリジナル編集。本巻は量子力学・統計力学など物理学の重要論文四篇を収録。全篇新訳。 |
| 作用素環の数理 | J・フォン・ノイマン 長田まりゑ編訳 | 終戦直後に行われた講演「数学者」と、「作用素環について」Ⅰ～Ⅳの計五篇を収録。一分野としての作用素環論を確立した記念碑的業績を網羅する。 |
| フンボルト　自然の諸相 | アレクサンダー・フォン・フンボルト 木村直司編訳 | 中南米オリノコ川で見たものとは？ 植生と気候、緯度と地磁気などの関係を初めて認識した、ゲーテ自然学を継ぐ博物・地理学者の探検紀行。 |
| 新・自然科学としての言語学 | 福井直樹 | 気鋭の文法学者によるチョムスキーの生成文法解説書。文庫化にあたり旧著を大幅に増補改訂し、付録として黒田成幸の論考「数学と生成文法」を収録。 |
| 電気にかけた生涯 | 藤宗寛治 | 実験・観察にすぐれたファラデー、電磁気学にまとめたマクスウェル、ほかにクーロンやオームなど科学者十二人の列伝を通して電気の歴史をひもとく。 |

|  |  |  |
|---|---|---|
| 相対性理論（下） | W・パウリ　内山龍雄訳 | アインシュタインが絶賛し、物理学者内山龍雄をして、研究をいでても訳したかったと言わしめた、相対論三大名著の一冊。（細谷暁夫） |
| 物理学に生きて | W・ハイゼンベルクほか　青木薫訳 | 「わたしの物理学は……」ハイゼンベルク、ディラック、ウィグナーら六人の巨人たちが集い、それぞれの歩んだ現代物理学の軌跡や展望を語る。 |
| 調査の科学 | 林知己夫訳 | 消費者の嗜好や政治意識を測定するとは？　性の数量的表現の解析手法を開発した統計学者による社会調査の論理と方法の入門書。（吉野諒三） |
| ポール・ディラック | アブラハム・パイスほか　藤井昭彦訳 | 「反物質」なるアイディアはいかに生まれたのか、そしてその存在はいかに発見されたのか。天才の生涯と業績を三人の物理学者が紹介した講演録。 |
| 近世の数学 | 原亨吉 | ケプラーの無限小幾何学からニュートン、ライプニッツの微積分学誕生に至る過程を、原典資料を駆使して考証した世界水準の作品。（三浦伸夫） |
| パスカル 数学論文集 | ブレーズ・パスカル　原亨吉訳 | 「パスカルの三角形」で有名な「数三角形論」ほか、「円錐曲線論」「幾何学的精神について」など十数篇の論考を収録。（佐々木力） |
| 幾何学基礎論 | D・ヒルベルト　中村幸四郎訳 | 20世紀数学全般の公理化への出発点となった記念碑的名著。ユークリッド幾何学を根源まで遡り、斬新な観点から厳密に基礎づける。 |
| 和算の歴史 | 平山諦 | 関孝和や建部賢弘らのすごさと弱点とは。そして和算がたどった歴史とは。和算研究の第一人者による簡潔にして充実の入門書。（鈴木武雄） |
| 素粒子と物理法則 | R・P・ファインマン／S・ワインバーグ　小林澈郎訳 | 量子論と相対論を結びつけるディラックのテーマを対照的に展開したノーベル賞学者による追悼記念講演。現代物理学の本質を堪能させる三重奏。 |

|  |  |  |
|---|---|---|
| 生物学の歴史 | 中村禎里 | 進化論や遺伝の法則は、どのような論争を経て決着したのだろう。生物学とその歴史を高い水準でまとめあげた壮大な通史。 |
| 不完全性定理 | 野﨑昭弘 | 事実・推論・証明……。理屈っぽいとケムたがられる話題を、なるほどと納得させながら、ユーモアたっぷりにひもといたゲーデルへの超入門書。 |
| 数学的センス | 野﨑昭弘 | 美しい数学とは詩なのです。いまさら数学者にはなれないけれどそれを楽しみたい……。そんな期待に応えてくれる心やさしいエッセイ風数学再入門。 |
| 高等学校の確率・統計 | 黒田孝郎／森毅／小島順／野﨑昭弘ほか | 成績の平均や偏差値は日常感覚に近いものながら、実は隔たりが！ 基礎からやり直したい人のために伝説の検定教科書を指導書付きで復活！ |
| 高等学校の基礎解析 | 黒田孝郎／森毅／小島順／野﨑昭弘ほか | わかってしまえば日常感覚に近いものながら、数学挫折のきっかけの微分・積分。その基礎を丁寧にひもといた再入門のための検定教科書第2弾！ |
| 高等学校の微分・積分 | 黒田孝郎／森毅／小島順／野﨑昭弘ほか | 高校数学のハイライト「微分・積分」！ その入門コース『基礎解析』に続く本格コース。公式暗記の学習からほど遠い、特色ある教科書の文庫化第3弾。 |
| トポロジーの世界 | 野口廣 | ものごとを大づかみに捉える！ その極意を、数式に不慣れな読者との対話形式で、図を多用し平易・直感的に解き明かす入門書。 |
| エキゾチックな球面 | 野口廣 | 7次元球面には相異なる28通りの微分構造が可能！ フィールズ賞受賞者を輩出したトポロジー最前線を臨場感ゆたかに解説。（松本幸夫） |
| 数学の楽しみ | テオニ・パパス 安原和見訳 | ここにも数学があった！ 石鹸の泡、くもの巣、雪片曲線、一筆書きパズル、魔方陣、DNAらせん……。イラストも楽しい数学入門150篇。（竹内薫） |

## 数は科学の言葉 トビアス・ダンツィク 水谷淳訳

数感覚の芽生えから実数論・無限論の誕生まで、数万年にわたる人類と数の歴史を活写。アインシュタインも絶賛した数学読み物の古典的名著。

## 一般相対性理論 P・A・M・ディラック 江沢洋訳

一般相対性理論の核心に最短距離で到達すべく、卓抜した数学的記述で簡明直截に書かれた天才ディラックによる入門書。詳細な解説を付す。

## 幾何学 ルネ・デカルト 原亨吉訳

哲学のみならず数学においても不朽の功績を遺したデカルト。『方法序説』の本論として発表された『幾何学』、初の文庫化! (佐々木力)

## 不変量と対称性 リヒャルト・デデキント 渕野昌訳・解説 今井淳/寺尾宏明/中村博昭

変えても変わらない不変量とは? そしてその意味や用途とは? ガロア理論や結び目の現代数学に現われる、上級の数学センスをさぐる7講義。

## 物理の歴史 朝永振一郎編

「数とは何であるべきか」「連続性と無理数」の二論文を収録。現代の視点から数学の基礎付けを試みた充実の訳者解説を付す。新訳。

湯川秀樹のノーベル賞受賞。その中間子論とは何なのだろう。日本の素粒子論を支えてきた第一線の学者たちによる平明な解説書。 (江沢洋)

## 代数的構造 遠山啓

群・環・体など代数の基本概念の構造を、構造主義の歴史をおりまぜつつ、卓抜な比喩とていねいな計算で確かめていく抽象代数学入門。 (銀林浩)

## 現代数学入門 遠山啓

現代数学、恐るるに足らず! 学校数学より日常の感覚の中に集合や構造、関数や群、位相の考え方を探る大人のための入門書。(エッセイ 亀井哲治郎)

## 代数入門 遠山啓

文字から文字式へ、そして方程式へ。巧みな例示と丁寧な叙述で「方程式とは何か」を説いた最晩年の名著。遠山数学の到達点がここに! (小林道正)

|  |  |  |
|---|---|---|
| 集合論入門 | 赤攝也 | 「ものの集まり」という素朴な概念が生んだ奇妙な世界、集合論の部分集合・空集合などの基礎から、丁寧な叙述で連続性や順序数の深みへと誘う。(瀬山士郎) |
| 確率論入門 | 赤攝也 | ラプラス流の古典確率論とボレル-コルモゴロフ流の現代確率論。両者の関係性を意識しつつ、確率の基礎概念と数理を多数の例とともに丁寧に解説。 |
| 微積分入門 | W・W・ソーヤー 小松勇作訳 | 微積分の考え方は、日常生活のなかから自然に出てくるもの。∫や㏒の記号を使わず、具体例に沿って説明した定評ある入門書。 |
| 新式算術講義 | 高木貞治 | 算術は現代でいう数論。数の自明を疑わない明治の読者にその基礎を当時の最新学説で説く。『解析概論』の著者若き日の意欲作。(髙瀬正仁) |
| 数学の自由性 | 高木貞治 | 大数学者が軽妙洒脱に学生たちに数学を語る。60年ぶりに復刊された人柄のにじむ幻の同名エッセイ集を含む文庫オリジナル。 |
| ガウスの数論 | 高瀬正仁 | 青年ガウスは目覚めとともに正十七角形の作図法を思いついた。初等幾何に露頭した数論の一端！創造の世界の不思議に迫る原典講読第2弾。 |
| 量子論の発展史 | 高林武彦 | 世界の研究者と交流した著者による量子理論史。その物理の核心をみごとに射抜き、理論探求の醍醐味を生き生きと伝える。新組。(江沢洋) |
| 高橋秀俊の物理学講義 | 藤村靖 | ロゲルギストを主宰した研究者の物理的センスとは。力について、示量変数と示強変数、ルジャンドル変換、変分原理などの汎論四〇講。(田崎晴明) |
| 物理学入門 | 武谷三男 | 科学とはどんなものか。ギリシャの力学から惑星の運動解明まで、理論変革の跡をひも解いた科学論。三段階論で知られる著者の入門書。(上條隆志) |

| 書名 | 著者/訳者 | 内容紹介 |
|---|---|---|
| 通信の数学的理論 | C・E・シャノン/W・ウィーバー 植松友彦 訳 | IT社会の根幹をなす情報理論はここから始まった。発展もいちじるしい最先端の分野に、今なお根源的な洞察をもたらす古典的論文が新訳で復刊。 |
| 数学という学問 I | 志賀浩二 | ひとつの学問として、広がり、深まりゆく数学。数・微積分・無限など「概念」の誕生と発展を軸にその歩みを辿る。オリジナル書き下ろし。全3巻。 |
| 数学という学問 II | 志賀浩二 | 第2巻では19世紀の数学を展望。数概念の拡張のほか、フーリエ解析、非ユークリッド幾何誕生の過程を追う。 |
| 数学という学問 III | 志賀浩二 | 19世紀後半、「無限」概念の登場とともに数学は大転換期を迎える。カントルとハウスドルフの集合論、そしてユダヤ人数学者の寄与について。全3巻完結。 |
| 現代数学への招待 | 志賀浩二 | 「多様体」は今や現代数学必須の概念。「位相」「微分」などの基礎概念を丁寧に解説・図説しながら、多様体のもつ深い意味を探ってゆく。本邦初訳。 |
| シュヴァレー リー群論 | クロード・シュヴァレー 齋藤正彦 訳 | 現代的な視点から、リー群を初めて大局的に論じた古典的名著。著者の導いた諸定理はいまなお有用性を失わない。 |
| 現代数学の考え方 | イアン・スチュアート 芹沢正三 訳 | 現代数学は怖くない！「集合」「関数」「確率」などの基本概念をイメージ豊かに解説。直観で現代数学の全体を見渡せる入門書。図版多数。（平井武） |
| 若き数学者への手紙 | イアン・スチュアート 冨永星 訳 | 研究者になるってどういうこと？現役で活躍する数学者が豊富な実体験を紹介。数学との付き合い方から「してはいけないこと」まで。（砂田利一） |
| 飛行機物語 | 鈴木真二 | なぜ金属製の重い機体が自由に空を飛べるのか？その工学と技術を、リリエンタール、ライト兄弟などのエピソードをまじえ歴史的にひもとく。 |

|  |  |  |
|---|---|---|
| 雪の結晶はなぜ六角形なのか | 小林禎作 | 雪が降るとき、空ではどんなことが起きているのだろう。自然が作りだす美しいミクロの世界を、科学の目でのぞいてみよう。 |
| 物理現象のフーリエ解析 | 小出昭一郎 | 熱・光・音の伝播から量子論まで、身近にもとづく物理現象とフーリエ変換の関わりを丁寧に解説。物理学の泰斗による名教科書。(千葉逸人) |
| ガロワ正伝 | 佐々木力 | 最大の謎、決闘の理由がついに明かされる！難解なガロワの数学思想をひもとく後世の数学者たちにも迫った、文庫版オリジナル書き下ろし。 |
| ブラックホール | 佐藤文隆 R・ルフィーニ | 相対性理論から浮かび上がる宇宙の「穴」。星と時空の謎に挑んだ物理学者たちの奮闘の歴史と今日的課題に迫る。写真・図版多数。 |
| 自然とギリシャ人・科学と人間性 | エルヴィン・シュレーディンガー 水谷淳訳 | 量子力学の発展は私たちの自然観・人間観にどのような変革をもたらしたのか。『生命とは何か』に続く晩年の思索。文庫オリジナル訳し下ろし。 |
| 数学をいかに使うか | 志村五郎 | 「何でも厳密に」などとは考えてはいけない――。世界的数学者が教える「使える」数学とは。文庫版オリジナル書き下ろし。 |
| 数学の好きな人のために | 志村五郎 | 世界的数学者が教える「使える」数学第二弾。非ユークリッド幾何学、リー群、微分方程式論、ド・ラームの定理など多彩な話題。 |
| 数学で何が重要か | 志村五郎 | ピタゴラスの定理とヒルベルトの第三問題、数学オリンピック、ガロア理論のことなど。文庫オリジナル書き下ろし第三弾。 |
| 数学をいかに教えるか | 志村五郎 | 日米両国で長年教えてきた著者が日本の教育を斬る！掛け算の順序問題、悪い証明と間違えやすい公式のことから外国語の教え方まで。 |

## ゲーテ スイス紀行
ゲーテ　木村直司編訳

ライン河の泡立つ瀑布、万年雪をいただく峰々。スイス体験のもたらしたものとは？ ゲーテ自然科学の体験的背景をもちとにした本邦初の編訳書。

## ゲルファント 座標法
ゲルファント／グラゴレヴァ／キリロフ　坂本實訳
*やさしい数学入門*

座標は幾何と代数の世界をつなぐ重要な概念。数直線のおさらいから四次元の座標幾何までを、世界的数学者が丁寧に解説する。訳し下ろしの入門書。

## ゲルファント 関数とグラフ
ゲルファント／グラゴレヴァ／シール　坂本實訳
*やさしい数学入門*

数学でも「大づかみに理解する」ことは大事。グラフ化＝可視化は、関数の振舞いをマクロに捉える強力なツールだ。世界的数学者による入門書。

## 幾何学入門（上）
H・S・M・コクセター　銀林浩訳

著者は「現代のユークリッド」とも称される20世紀最大の幾何学者。古典幾何のあらゆる話題が詰まった、辞典級の充実度を誇る入門書。

## 和算書「算法少女」を読む
小寺裕

娘あきが挑戦していた和算とは？ 歴史小説『算法少女』のもとになっていた和算書の全問をていねいに読み解く。〔エッセイ 遠藤寛子 解説 土倉保〕

## 解析序説
小林龍一／廣瀬健／佐藤總夫

自然や社会を解析するための、「活きた微積分」のセンスを磨く！ 差分・微分方程式までを丁寧にカバーした入門者向け学習書。〔笠原晧司〕

## 大数学者
小堀憲

決闘の凶弾に斃れたガロア、革命の動乱で失脚したコーシー……激動の十九世紀に活躍した数学者たちの、あまりに劇的な生涯。〔加藤文元〕

## 物語数学史
小堀憲

古代エジプトの数学から二十世紀のヒルベルトまでの数学の歩みを、日本の数学「和算」にも触れつつ一般向けに語った通史。〔菊池誠〕

## 確率論の基礎概念
A・N・コルモゴロフ　坂本實訳

確率論の現代化に決定的な影響を与えた『確率論の基礎概念』に加え、有名な論文「確率論における解析的方法について」を併録。全篇新訳。

|  |  |  |
|---|---|---|
| 初等数学史(上) | フロリアン・カジョリ 小倉金之助補訳 中村滋校訂 | 厖大かつ精緻な文献調査にもとづく記念碑的著作。古代エジプト・バビロニアからギリシャ・インド・アラビアへいたる歴史を概観する。図版多数。 |
| 初等数学史(下) | フロリアン・カジョリ 小倉金之助補訳 中村滋校訂 | 商業や技術との一環としても発達した数学。下巻は対数・小数の発明、記号代数学の発展、非ユークリッド幾何学など。文庫化にあたり全面的に校訂。 |
| 複素解析 | 笠原乾吉 | 複素数が織りなす、調和に満ちた美しい数の世界とは。微積分に関する基本事項から楕円関数の話題まででコンパクトに詰まった、定評ある入門書。 |
| 初等整数論入門 | 銀林浩 | 「神が作った」とも言われる整数。そこには単純に見えて、底知れぬ深い世界が広がっている。互除法、合同式からイデアルまで。(野﨑昭弘) |
| 原典による生命科学入門 | 木村陽二郎 | ヒポクラテスの医学からラマルク、ダーウィン、そしてワトソン-クリックまで、世界を変えた医学・生物学の原典10篇を抄録。(伊東俊太郎) |
| 算数の先生 | 国元東九郎 | 7÷64は3で割り切れる。それを見分ける簡単な方法があるという。数の話に始まる物語ふうの小学校高学年むけの世評名高い算数学習書。(板倉聖宣) |
| 新しい自然学 | 蔵本由紀 | 科学的知のいびつさが様々な状況で露呈する現代。非線形科学の泰斗が従来の科学観を相対化し、全く新しい自然の見方を提唱する。(中村桂子) |
| ゲーテ形態学論集・動物篇 | ゲーテ 木村直司編訳 | 多様性の原型。それは動物の骨格に潜在的に備わる「生きて発展する刻印されたフォルム」。ゲーテ思想が革新的に甦る。文庫版新訳オリジナル。 |
| ゲーテ地質学論集・鉱物篇 | ゲーテ 木村直司編訳 | 地球の生成と形成を探って岩山をよじ登り洞窟を降りる詩人。鉱物・地質学的な考察や紀行から、新たなゲーテ像が浮かび上がる。文庫オリジナル。 |

ちくま学芸文庫

入門 多変量解析の実際

二○一八年五月十日 第一刷発行

著　者　朝野熙彦（あさの・ひろひこ）
発行者　山野浩一
発行所　株式会社筑摩書房
　　　　東京都台東区蔵前二─五─三　〒一一一─八七五五
　　　　振替〇〇一六〇─八─四二三三
装幀者　安野光雅
印刷所　株式会社精興社
製本所　株式会社積信堂

乱丁・落丁本の場合は、左記宛にご送付下さい。
送料小社負担でお取り替えいたします。
ご注文・お問い合わせも左記へお願いします。
筑摩書房サービスセンター
埼玉県さいたま市北区櫛引町二─六○四　〒三三一─八五○七
電話番号　○四八─六五一─○○五三

Ⓒ HIROHIKO ASANO 2018 Printed in Japan
ISBN978-4-480-09861-0 C0141